SAMMLUNG GÖSCHEN BAND 435

ALGEBRAISCHE KURVEN UND FLÄCHEN

von

DR. PHIL. WERNER BURAU
Professor an der Universität Hamburg

BAND I
ALGEBRAISCHE KURVEN DER EBENE

Mit 28 Abbildungen

WALTER DE GRUYTER & CO.
vormals G. J. Göschen'sche Verlagshandlung · J. Guttentag, Verlagsbuchhandlung · Georg Reimer · Karl J. Trübner · Veit & Comp.
BERLIN 1962

Die Gesamtdarstellung umfaßt folgende Bände:

Band I: Algebraische Kurven der Ebene
(Sammlung Göschen Bd. 435)

Band II. Algebraische Flächen 3. Grades und Raumkurven 3. und 4. Grades
(Sammlung Göschen Bd. 436)

Die Bilder und Beispiele hat freundlicherweise Herr Oberstudiendirektor Dr. Arnold Baur, Lübeck, zur Verfügung gestellt

Satz und Druck: Walter de Gruyter & Co., Berlin W 30. — Printed in Germany.

Inhaltsverzeichnis

Literaturverzeichnis

Archbold, Introduction to the algebraic geometry of a plane, London 1948.

Baker, Principles of geometry, vol. V, VI, Cambridge 1933.

Brill, Vorlesungen über ebene algebraische Kurven und algebraische Funktionen, Braunschweig 1925.

Clebsch, Vorlesungen über Geometrie, Band I, Leipzig 1876.

Coolidge, A treatise on algebraic plane curves, N-York 1959 (Neudruck).

Enriques-Chisini, Lezioni sulla teoria geometrica delle equazioni e delle funzioni algebriche, vol. I—III, Bologna 1915—24.

Hauser-Burau, Integrale algebraischer Funktionen und ebene algebraische Kurven, Berlin 1958.

Hilton, Plane algebraic curves, London 1932.

Jung, Einführung in die Theorie der algebraischen Funktionen einer Veränderlichen, Berlin 1923.

Lefschetz, Algebraic geometry, London 1953.

Loria (übersetzt von Schütte), Spezielle ebene und transzendente Kurven, 2 Bände, Leipzig 1910, 1911.

Salmon (bearbeitet von Fiedler), Analytische Geometrie der höheren ebenen Kurven, 2. Aufl., Leipzig 1882.

Schmidt, Ausgewählte höhere Kurven, Wiesbaden 1949.

Semple-Kneebone, Algebraic projektive geometry, Oxford 1952.

Semple-Roth, Introduction to algebraic geometry, Oxford 1946.

Severi, Trattato di geometria algebrica, Bologna 1926.

Severi (übersetzt von Löffler), Vorlesungen über algebraische Geometrie, Leipzig 1921.

Teixeira, Tratado de las curvas notables, Coimbra 1902.

v. d. Waerden, Einführung in die algebraische Geometrie, Berlin 1939.

Semple-Kneebone, Algebraic curves, 1959.

Walker, Algebraic curves, Princeton NJ. 1951.

White, Plane curves of the third order, Cambr. mass. 1925.

Wieleitner, Theorie der ebenen algebraischen Kurven höherer Ordnung (Sa. Schubert), Leipzig 1905.

Außerdem folgende Artikel aus Sammelwerken:

Berzolari, Allgemeine Theorie der höheren ebenen algebraischen Kurven, in Enzykl. der Math. Wiss. III, C 4.

Kohn-Loria, Spezielle ebene algebraische Kurven, in Enzykl. der Math. Wiss. III, C 5.

Kohn, Ebene Kurven in Pascal, Repertorium der höheren Math. Zweiter Band, 1. Teil 1922.

Einleitung

A. Algebraische Voraussetzungen

Die algebraische Geometrie, von der die beiden vorliegenden Bände einen kleinen Ausschnitt bringen sollen, wird heutzutage meist als ein Teilgebiet der Algebra aufgefaßt, das lediglich durch seine geometrische Sprache besonders kenntlich ist. Dem entgegen soll unser Standpunkt durchaus klassisch sein, d. h. die Geometrie der Gegenstände wird stärker im Vordergrund stehen. Die benötigten Voraussetzungen aus der Algebra sind demnach auch wesentlich bescheidener als sonst in modernen Lehrbüchern.

Wir werden es ständig mit Polynomen über einem algebraischen Zahlkörper K zu tun haben und setzen das Rechnen mit diesen Polynomen so weit voraus, wie es in dem Buch von Krull (Elementare und klassische Algebra, Sammlg. Göschen Bd. 930) entwickelt wird. Von weiteren Grundbegriffen der Algebra treten gelegentlich Gruppen auf, ohne daß jedoch ausführlich von ihnen Gebrauch gemacht wird. Erst im 2. Band, Kap. II wird der Begriff des Polynomideals über dem Körper K benötigt; jedoch wird dieser Begriff dort noch besonders erläutert werden. Der Grundkörper K soll im Sinne der klassischen Theorie stets der Körper der komplexen Zahlen als algebraischer Abschluß des reellen Zahlkörpers R sein. Viele Ergebnisse sind jedoch auch für andere algebraisch abgeschlossene Körper der Charakteristik 0 gültig. Der algebraische Abschluß ist jedoch erforderlich, da wir stets die Existenz der Wurzeln der auftretenden algebraischen Gleichungen voraussetzen werden. Wir wenden also ständig den klassischen Fundamentalsatz der Algebra von Gauß an, der die Existenz dieser Wurzeln für den komplexen Zahlkörper K behauptet. Über die Beziehung dieses gemischt algebraisch-analytischen Satzes zu den rein algebraischen Sätzen von Steinitz und Kronecker vergleiche man den erwähnten Band von Krull.

Für unsere Zwecke ist nun besonders wichtig der Begriff der Resultante $R(f, g)$ der beiden Polynome

$$f = a_0 x^n + a_1 x^{n-1} + \cdots + a_n \text{ und} \tag{1}$$
$$g = b_0 x^m + b_1 x^{m-1} + \cdots + b_m$$

mit Koeffizienten aus K. Dies ist nach Sylvester die $m + n$-reihige Determinante:

$$R(f, g) = \begin{vmatrix} a_0, a_1, \ldots, a_n, 0, \ldots, 0 \\ 0, a_0, \ldots\ldots, a_n, \ldots, 0 \\ \cdot \quad \cdot \quad \cdot \quad \cdot \quad \cdot \quad \cdot \quad \cdot \quad \cdot \\ b_0, b_1, \ldots, b_n, 0, \ldots, 0 \\ 0, b_0, \ldots\ldots, b_n, \ldots, 0 \\ \cdot \quad \cdot \quad \cdot \quad \cdot \quad \cdot \quad \cdot \quad \cdot \quad \cdot \end{vmatrix} \tag{2}$$

Wir benötigen vor allem folgende Grundtatsachen über $R(f, g)$ (vgl. darüber etwa Perron, Algebra I [1951], § 43):

a) Bei $a_0 \neq 0$ und $b_0 \neq 0$ ist das Verschwinden von $R(f, g)$ die notwendige und hinreichende Bedingung dafür, daß f und g eine gemeinsame Wurzel besitzen.

b) Es gibt Polynome $A(x)$ und $B(x)$ der Höchstgrade $m - 1$ bzw. $n - 1$ mit Koeffizienten aus K derart, daß

$$R(f, g) = A(x)\, f(x) + B(x)\, g(x) \tag{3}$$

gilt.

c) Eine andere Schreibweise für $R(f, g)$ ist:

$$R(f, g) = a_0^m \prod_{i-1}^{n} g(\alpha_i) = (-1)^{nm}\, b_0^n \prod_{j-1}^{m} f(\beta_j). \tag{4}$$

Darin bedeuten α_i und β_j die Wurzeln von f und g, je so oft gezählt, wie ihre Vielfachheit beträgt.

d) $R(f, g)$ ist als Polynom in den a_i, b_j isobar, vom Grade $n \cdot m$, d. h. in jedem Glied ist die Summe der Indizes gleich $n \cdot m$.

e) Die Resultante $R(f, f')$ heißt die Diskriminante von f. Ihr Verschwinden ist die notwendige und hinreichende Bedingung für das Auftreten von Wurzeln mit höherer Vielfachheit als 1 bei f.

Die Polynome werden bei uns meist homogen sein, da wir die Variablen im allgemeinen als projektive Koordinaten deuten. Homogene Polynome heißen Formen, und Formen in $n+1$ Veränderlichen verhalten sich in vieler Hinsicht so wie beliebige Polynome in n Variablen. So treten die obigen Polynome f und g aus (1) nach Homogenisierung der Veränderlichen bei uns als sog. binäre Formen

$$(5) \qquad \begin{aligned} f &= a_0 x_1^n + a_1 x_1^{n-1} x_0 + \cdots + a_n x_0^n, \\ g &= b_0 x_1^m + b_1 x_1^{m-1} x_0 + \cdots + b_m x_0^m \end{aligned}$$

auf, und die nach dem Gaußschen Fundamentalsatz mögliche Zerlegung von f in Wurzelfaktoren bedeutet dann, daß f ein Produkt von Linearformen mit Koeffizienten aus K ist:

$$(6) \qquad f = \prod_{i=1}^{h} (\beta_1^{(i)} x_1 + \beta_0^{(i)} x_0)^{\varrho_i} \qquad (\varrho_1 + \cdots + \varrho_h = n),$$

wobei die ϱ_i die Vielfachheiten der Faktoren bedeuten. Diese sollen dabei wesentlich voneinander verschieden sein, d. h. es gilt stets

$$\begin{vmatrix} \beta_1^{(i)}, \beta_0^{(i)} \\ \beta_1^{(j)}, \beta_0^{(j)} \end{vmatrix} \neq 0 \text{ bei } i \neq j.$$

Häufig wird nun folgender Schluß in der algebraischen Geometrie angewandt: Ist die Binärform n-ten Grades f durch Linearfaktoren teilbar, deren Vielfachheitssumme größer als n ist, so ist $f \equiv 0$, d. h. alle Koeffizienten von f verschwinden.

Formen $f(x_0, \ldots, x_n)$ vom Grade p erfüllen die leicht beweisbare Eulersche Beziehung:

$$(7) \qquad \sum_{i=1}^{n} \frac{\partial f}{\partial x_i} x_i = p \cdot f,$$

wovon wir mehrfach Gebrauch machen werden.

Man kann auch Formen definieren, die mehrere Variablenreihen enthalten. Solche Formen werden bei uns aber nur im Beispiel der sog. Polaren einer gegebenen Form $f(t_0, \ldots, t_n)$ auftreten. Diese Polaren von f erklärt man nach

Joachimstal (1846) in folgender Weise: Man setze in f, das einen Grad $p > 1$ habe, ein

$$t_i = x_i\lambda + y_i\mu \quad (i = 0, 1, \ldots, n). \tag{8}$$

Dann entsteht die Binärform in λ, μ:

$$F(\lambda, \mu) = F_0\lambda^p + F_1\lambda^{p-1}\mu + \cdots + F_p\mu^p, \tag{9}$$

deren Koeffizienten ganz rational von den x_i und y_i abhängen. Insbesondere ist:

$$F_0 = f(x_0, x_1, \ldots, x_n), \qquad F_1 = \sum_{i=0}^{n} \frac{\partial f}{\partial x_i} y_i. \tag{10}$$

Man nennt F_1 die Polare von (y_i) in bezug auf f, genauer die erste Polare oder auch Polarform. Durch die weiteren $F_i (i > 1)$ aus (9) definiert man dann die höheren Polaren, die wir jedoch nicht benötigen. Wichtig ist noch der folgende

Satz: Durch die lineare Substitution

$$x_i = \sum_{j=0}^{n} a_{ij} u_j \qquad (i = 0, 1, \ldots, n) \tag{11}$$

möge aus f die Form

$$g(u_0, \ldots, u_n) = f(\sum_j a_{0j} x_j, \ldots, \sum_j a_{nj} x_j) \tag{12}$$

entstehen. Dann erhält man die Polare $\sum_i \frac{\partial g}{\partial u_i} v_i$ von g auch dadurch, daß man in $\sum_i \frac{\partial f}{\partial x_i} y_i$ die x_i gemäß (11) durch die u_i und vermöge der gleichen Matrixsubstitution die y_i durch die v_i ersetzt, d. h. kurz: Polarenbildung und lineare Substitution sind vertauschbare Prozesse.

Beweis: Es ist

$$\frac{\partial g}{\partial u_i} = \sum_{k=0}^{n} \frac{\partial f}{\partial x_k} a_{ki} \tag{13}$$

und damit

$$\sum_{i=0}^{n} \frac{\partial g}{\partial u_i} v_i = \sum_{k=0}^{n} \sum_{i=0}^{n} \frac{\partial f}{\partial x_k} a_{ki} v_i = \sum_{k=0}^{n} \frac{\partial f}{\partial x_k} y_k,$$

worin der Beweis enthalten ist.

B. Geometrische Voraussetzungen

Wir betrachten in den vorliegenden beiden Bänden die Geometrie der algebraischen Kurven und Flächen im Sinn früherer Zeiten als eine Fortsetzung der elementaren analytischen Geometrie. Diese wird daher etwa in dem Umfange, wie sie in dem Buch von Grotemeyer (Sammlg. Göschen 65/65a) dargestellt ist, als bekannt vorausgesetzt. Es wird vom Leser vor allem ein gewisses Maß von Gewandtheit im Umgang mit projektiven und affinen Koordinaten erwartet sowohl in den komplexen als auch in den reellen Räumen. In den ersten Abschnitten beider Bände finden sich darüber jeweils noch kurze Zusammenstellungen. Ferner wird auch von Dualitätsüberlegungen häufig Gebrauch gemacht. Unter P_n ohne weiteren Zusatz ist stets der n-dimensionale projektive Raum über dem komplexen Zahlkörper K zu verstehen. Im allgemeinen wird $n \leqq 3$ sein. Höherdimensionale Räume treten nur gelegentlich am Rande auf, wie hier weiter unten.

Wir wollen bereits an dieser Stelle die Hyperfläche des P_n und einige damit zusammenhängende Dinge erklären, die in den Fällen $n = 2$ und 3 im folgenden ständig auftreten werden.

Ist $f(x_0, \ldots, x_n)$ eine Form p-ten Grades mit Koeffizienten aus K, so heißt die Gesamtheit aller Punkte des P_n, deren Koordinaten die Beziehung

$$f(x_0, x_1, \ldots, x_n) = 0 \tag{14}$$

erfüllen, Hyperfläche p-ten Grades.

Bei $n = 1$ zerfällt f nach dem Gaußschen Fundamentalsatz in ein Produkt verschiedener, noch mit bestimmten ganzzahligen Exponenten versehenen Linearformen (s. (6)). Die Hyperfläche auf der Geraden ist demnach ein System von Punkten, je mit Vielfachheiten versehen, das man auch Punktgruppe auf P_1 nennt. Bei $n = 2$ und $n = 3$ nennt man die Hyperflächen Kurven und Flächen, bei $p = 1$ heißen die Hyperflächen auch Hyperebenen, bzw. Geraden und Ebenen in den Fällen $n = 2$ und 3.

F_p sei die durch (14) definierte Hyperfläche p-ten Grades des P_n und S_0 ein Punkt darauf. Dann sagt man: S_0 ist von der Vielfachheit $s \geqq 1$, wenn für die Koordinaten von S_0 sämtliche Ableitungen von f bis zur $s-1$-ten einschließlich, aber nicht alle s-ten Ableitungen verschwinden. Punkte von der Vielfachheit $s = 1$ heißen regulär, diejenigen von der Vielfachheit $s > 1$ singulär. Bei der Untersuchung des Verhaltens von F_p in S_0 ist es zweckmäßig, S_0 als Ecke des Koordinatensystems anzunehmen. Denn ist etwa $S_0 = (1, 0, \ldots, 0)$, so überzeugt man sich sofort von folgender Tatsache: Ist S_0 ein Punkt von der Vielfachheit s, so ist x_0^{p-s} die höchste Potenz von x_0, die in f auftritt und umgekehrt.

Ist der Punkt $P_0 = (p_0, p_1, \ldots, p_n)$ von F_p regulär, so erklärt man durch

$$\sum_{i=0}^{n} \left(\frac{\partial f}{\partial x_i}\right)_p x_i = 0,$$

wobei in die Ableitungen die Koordinaten von P_0 einzusetzen sind, die Gleichung der Tangentialhyperebene an F_p in P_0 (speziell der der Tangente bzw. der Tangentialebene bei $n = 2$ oder 3).

Setzt man in f für die x_i die Parameterdarstellung eines Teilraumes $P_d < P_n$ ein, so ergibt sich eine Form in $d+1$ Veränderlichen. Diese kann identisch verschwinden; dann liegt P_d ganz auf der durch (14) definierten F_p. In jedem anderen Fall ergibt sich dabei die Gleichung einer Hyperfläche innerhalb des P_d, die durch P_d aus der F_p ausgeschnitten wird. Besonders durchsichtig sind diese Dinge im Falle $d = 1$:

Satz 1. Jede Gerade $P_1 < P_n$, die nicht ganz auf der durch (14) definierten Hyperfläche F_p liegt, schneidet F_p in höchstens p verschiedenen Punkten. Diese Schnittpunkte sind mit wohlbestimmten Vielfachheiten zu versehen, derart, daß die Summe aller dieser Vielfachheiten gleich p ist.

Der Beweis dieses Satzes folgt sofort, wenn man die Parameterdarstellung von P_1 in f einsetzt und die entstehende Form p-ten Grades zufolge (6) auf Grund des Gaußschen Fundamentalsatzes in ein Produkt von Linearformen zerlegt.

Ist dem Punkt $P_0 < P_1$ als Schnittpunkt von P_1 mit F_p, somit die Vielfachheit s zugeordnet, so sagt man auch, P_0 zählt s-fach als Schnitt von P_1 und F_p oder „in P_0 fallen s Schnittpunkte zusammen“. Die Berechtigung dieser Sprechweise ergibt eine leichte Stetigkeitsbetrachtung.

Jede Gerade durch einen regulären Punkt $P_0 < F_p$, die entweder auf F_p liegt oder bei der P_0 als Schnittpunkt mit F_p in dem soeben definierten Sinne mindestens doppelt zählt, heißt Tangente an F_p in P_0. Über diese Tangenten gilt der

Satz 2. Die Tangentialhyperebene $T_{n-1}(P_0)$ des regulären Punktes $P_0 < F_p$ enthält sämtliche Tangenten an F_p in P_0, und jede Gerade durch P_0 innerhalb von $T_{n-1}(P_0)$ ist auch Tangente an F_p in P_0.

Beweis: Wir setzen für P_1 die Parameterdarstellung

$$x_i = \lambda p_i + \mu q_i \; (i = 0, 1, \ldots, n) \tag{16}$$

an, wobei (p_i) die Koordinaten von P_0 sind. Dann benutzen wir die Entwicklung (9) für $f(\lambda p_i + \mu q_i)$, wobei die x und y jetzt p und q heißen. Es gilt wegen $P_0 < F_p$ nun $F_0 = 0$. Liegt P_1 auf F_p oder zählt der Schnitt von P_1 mit F_p in P_0 mindestens zweifach, so muß auch $F_1 = 0$ sein, und dies besagt wegen der Gestalt (10) von F_1, daß $P_1 < T_{n-1}(P_0)$ gilt. Umgekehrt müssen bei $P_1 < T_{n-1}(P_0)$ und $P_1 > P_0$ die beiden Faktoren F_0 und F_1 der Entwicklung von $f(\lambda p_i + \mu q_i)$ verschwinden, d. h. P_1 liegt entweder ganz auf F_p oder schneidet F_p in P_0 in höherer Vielfachheit als 1.

Der Ausdruck

$$\sum_{i=0}^{n} \frac{\partial f}{\partial x_i} y_i = 0 \tag{17}$$

definiert für die Koordinaten des Punktes $Y_0 = (y_0, \ldots, y_n)$ des P_n, sofern er dann nicht identisch verschwindet, die Gleichung einer Hyperfläche $p - 1$-ten Grades. Diese heißt die Polare von Y_0 bezüglich F_p. Unser Satz von Abschnitt A besagt dann in der Sprache der Geometrie:

Satz 3. Die Beziehung zwischen einem Punkt Y_0 und seiner Polaren bezüglich einer gegebenen Hyperfläche des P_n hängt nicht vom Koordinatensystem ab.

Von dieser Tatsache wird oft Gebrauch gemacht werden.

In den zuletzt eingeführten Begriffen von Tangente und Tangentialhyperebene berühren sich die algebraische und die Differentialgeometrie. Bezüglich der Differentialgeometrie, insbesondere der des Komplexen, die hier in Frage kommt, sei auf die Bände von Strubecker in dieser Sammlung verwiesen (s. Sammlg. Göschen Bd. 1113 / 1113a, 1179/1179a, 1180/1180a). Bei uns kommen jedoch von weiteren Begriffen der Differentialgeometrie außer den schon genannten im Band 2 nur noch die Torsen und Regelflächen vor.

C. Analytische Voraussetzungen

Die von uns benötigten Hilfsmittel sind im wesentlichen algebraischer und geometrischer Art. Nur an einer Stelle von Kap. I des ersten Bandes tritt eine einfache Betrachtung über eine stetige Funktion aus der reellen Analysis auf. Erst im Kap. II des vorliegenden Bandes wird etwas mehr aus der Analysis benötigt. Dies ist aber nur:

a) Der Satz über implizite Funktionen, der in jedem Lehrbuch der reellen Analysis enthalten ist. Hier wird er im Komplexen angewandt, wo er genau so gilt.

b) Der Begriff der Potenzreihe im Komplexen mit ihrem Konvergenzkreis (s. Knopp, Funktionen-Theorie I, Sammlg. Göschen 668). Bei uns wird es sich dabei aber nur um einige Regeln des formalen Rechnens mit diesen Reihen (Einsetzung von Reihen ineinander und Koeffizientenvergleich) handeln. Diese Regeln kann man auch rein algebraisch begründen.

Die algebraische Geometrie hat darüber hinaus noch sehr viel tiefer gehende Beziehungen zur Funktionentheorie, die jedoch außerhalb des uns gesetzten Rahmens bleiben müssen.

Kap. I. Geraden, Kegelschnitte und Kurven 3. Ordnung und Klasse

§ 1. Geraden und Kegelschnitte

Die einfachsten algebraischen Kurven der Ebene sind die aus der elementaren analytischen Geometrie wohlbekannten Geraden und Kegelschnitte. Wir stellen in folgendem kurz zusammen, welche Eigenschaften dieser Gebilde für uns im Hinblick auf die algebraischen Kurven höherer Ordnungen besonders wichtig sind:

a) Die Geraden besitzen eine Parameterdarstellung:

$$x_i = a_i\lambda + b_i\mu \qquad (i = 0, 1, 2), \tag{1}$$

wobei (a_i) und (b_i) die Koordinaten von zwei verschiedenen Punkten der Ebene P_2 bedeuten.

b) Dual zu den Geraden als Kurven 1. Ordnung stehen die Kurven 1. Klasse, d. h. die Punkte des P_2 als Träger aller durch sie gehenden Geraden.

c) Ein Kegelschnitt wird durch Nullsetzen einer ternären quadratischen Form

$$f = \sum_{i,j=0}^{2} a_{ij} x_i x_j = 0 \tag{2}$$

definiert mit $a_{ij} < K$. Für die Existenz eines singulären Punktes bei dem durch (2) definierten Kegelschnitt k_2 ist gemäß Einleitung notwendig und hinreichend, daß

$$\frac{\partial f}{\partial x_0} = \frac{\partial f}{\partial x_1} = \frac{\partial f}{\partial x_2} = 0 \tag{3}$$

eine nicht triviale Lösung besitzt. Dies ist aber bei (2) gleichwertig damit, daß

$$\det\,(a_{ij}) = 0 \tag{4}$$

gilt. Die Matrix (a_{ij}) muß also einen Rang $r \leqq 2$ haben. Dann zerfällt aber bekanntlich unser k_2 in ein Paar verschiedener Geraden oder in eine doppelt zählende Gerade, je nachdem ob der Rang von (a_{ij}) gleich 2 oder 1 ist.

c) Wenn

$$\text{Rang } (a_{ij}) = 3 \tag{5}$$

ist, besitzt k_2 keine singulären Punkte. In jedem Punkt von k_2 existiert dann eine wohlbestimmte Tangente. Die Gesamtheit aller dieser Tangenten bildet das mit k_2 verknüpfte Dualgebilde $\hat{k}_2$, das man auch Kurve 2. Klasse nennt. Die Gerade mit den Linienkoordinaten (ξ_i) ist genau dann Tangente des k_2 mit der Gleichung (2), wenn

$$\sum_{i,j=0}^{2} \alpha_{ij} \xi_i \xi_j = 0 \tag{6}$$

gilt. Dabei sind α_{ij} die algebraischen Komplemente zu a_{ij} in der Matrix (a_{ij}). Durch (6) wird eine Kurve 2. Klasse definiert, und wir haben somit folgendes Ergebnis: Eine singularitätenfreie Kurve 2. Ordnung hat als Tangentenmenge eine Kurve 2. Klasse. Man sagt dafür auch kurz: Nicht-singuläre Kegelschnitte sind Kurven 2. Ordnung und 2. Klasse. Dabei versteht man unter Klasse einer Kurve die Höchstzahl der Tangenten dieser Kurve, die durch einen Punkt der Ebene gehen können.

d) Mit dem Kegelschnitt von der Gleichung (2) ist eine durch

$$\sum_{i,j=0}^{2} a_{ij} x_i y_j = 0 \tag{7}$$

definierte Polaritätskorrespondenz verbunden. Dabei korrespondieren 2 Punkte der Ebene, wenn ihre Koordinaten (x_i) und (y_i) die Beziehung (7) erfüllen. Der Kegelschnitt ist dann die Gesamtheit aller mit sich selber korrespondierenden Punkte. Ein singulärer Punkt von k_2 ist hierbei als solcher Punkt gekennzeichnet, der zu allen Punkten der Ebene korrespondiert, d. h. ein sog. Kernpunkt der Polarität ist.

Hat k_2 keine singulären Punkte, so erfüllen die zu einem beliebigen Punkt P_0 korrespondierenden Punkte eine Gerade, die Polare P_1' von P_0. Die P_0 enthaltenden Tangenten berühren k_2 in den Schnittpunkten von k_2 mit P_1'.

e) Die regulären Kegelschnitte k_2 besitzen rationale Parameterdarstellungen der Art

$$x_i = b_{i0}\lambda^2 + b_{i1}\lambda\mu + b_{i2}\mu^2 \quad (i = 0, 1, 2), \tag{8}$$

wobei

$$\det(b_{ij}) = 0 \tag{9}$$

ist. Umgekehrt ist (8) unter der Voraussetzung (9) auch stets die Parameterdarstellung eines Kegelschnitts. Denn dann kann man (8) nach λ^2, $\lambda\mu$, μ^2 zu

$$\begin{aligned} \lambda^2 &= B_{00}x_0 + B_{01}x_1 + B_{02}x_2 \\ \lambda\mu &= B_{10}x_0 + B_{11}x_1 + B_{12}x_2 \\ \mu^2 &= B_{20}x_0 + B_{21}x_1 + B_{22}x_2 \end{aligned} \tag{10}$$

auflösen, so daß dann

$$\begin{aligned} (B_{00}x_0 + B_{01}x_1 + B_{02}x_2)(B_{20}x_0 + B_{21}x_1 + B_{22}x_2) \\ - (B_{10}x_0 + B_{11}x_1 + B_{12}x_2)^2 = 0 \end{aligned} \tag{11}$$

die Gleichung des durch (10) dargestellten Kegelschnitts ist.

Man sagt hierfür auch: Die Kegelschnitte gestatten ebenso wie die Geraden [s. (1)] rationale Parameterdarstellungen, und man nennt sie daher auch rationale Kurven.

§ 2. Zerfall von Kurven 3. Ordnung und Existenz von Singularitäten bei nicht zerfallenden Kurven 3. Ordnung

Eine Kurve 3. Ordnung oder kurz eine „Kubik" wird durch Nullsetzen einer ternären Form 3. Grades, d. h. durch

$$\sum_{ijk=0}^{2} a_{ijk}x_ix_jx_k = 0 \tag{1}$$

beschrieben, wobei die 10 Zahlen a_{ijk} gewisse nicht durchweg verschwindende Zahlen aus dem Grundkörper K sind. Ersetzt man die (x_i) in (1) durch Linienkoordinaten (ξ_i), so definiert (1) eine Menge von Geraden, die wir Kurve dritter Klasse oder kurz Klassenkubik nennen wollen. Unter Kubik schlechthin wollen wir stets die durch (1) definierte Punktmenge der Ebene verstehen. Da es auf einen gemeinsamen, nicht verschwindenden Faktor aller a_{ijk} in (1) nicht ankommt, hängen die Kubiken der Ebene von 9 wesentlichen Konstanten ab. Hieraus ergibt sich bereits, daß man bei den Kubiken einen größeren Gestaltenreichtum zu erwarten haben wird als bei den Kegelschnitten. Bei den Kubiken und erst recht bei den Kurven noch höheren Grades werden wir uns daher auf einige wesentlichen Tatsachen ihrer projektiven Klassifikation beschränken müssen.

Viele Kubiken und Kurven höherer Ordnung sind als geometrische Örter, die man auf mannigfache Weise definieren kann, schon seit dem Altertum bekannt (vgl. darüber die Werke von Loria, Teixeira). Die Örter sind dann naturgemäß Punktmengen der reellen projektiven, genauer der affinen oder der äquiformen Ebene. In diesem Sinne sind auch die Bilder zu verstehen, die wir als Beispiele bringen. Die Kubiken selber sind bei uns jedoch grundsätzlich als Teilmengen der komplexen projektiven Ebene aufzufassen. Was man unter den sog. Realitätstypen von Kubiken und ihrer Klassifikation in der komplexen Ebene genauer zu verstehen hat, soll in § 6 noch besonders ausgeführt werden.

Zunächst kann im Körper K die in (1) stehende Form 3. Grades in das Produkt einer linearen und einer quadratischen Form zerfallen, und die quadratische Form kann ihrerseits weiter zerfallen oder nicht. Dies ergibt unmittelbar folgende Möglichkeiten zerfallender Kubiken:

1. Regulärer Kegelschnitt und Gerade, die ihn nicht berührt.
2. Regulärer Kegelschnitt und eine seiner Tangenten.
3. 3 Geraden ohne gemeinsamen Punkt.
4. 3 verschiedene Geraden durch einen Punkt.
5. Doppelt zählende Gerade und eine weitere davon verschiedene Gerade.
6. Dreifach zählende Gerade.

Wir wollen uns im folgenden der Reihe nach darüber informieren, wieweit sich die in § 1 erwähnten Tatsachen der Kegelschnittlehre bei Kubiken wiederfinden bzw. verallgemeinern lassen. Zunächst fragen wir uns, ob und wieweit eine Kubik k_3 singuläre Punkte besitzen kann.

Zerfällt k_3, d. h. hat k_3 eine Gleichung der Art

$$f = g(x_0, x_1, x_2)\, h(x_0, x_1, x_2), \tag{2}$$

wobei g und h Formen 2. und 1. Grades sind, so verschwinden nach den Regeln der Differentialrechnung alle Ableitungen von f für jeden Punkt, dessen Koordinaten gleichzeitig g und h zum Verschwinden bringen. Dies heißt aber:

Satz 1. Die gemeinsamen Punkte zweier Teilkurven (Geraden oder Kegelschnitte) einer zerfallenden Kubik sind stets singulär.

Diese Tatsache verallgemeinert ein Ergebnis, das uns bereits aus der Kegelschnittslehre bekannt ist und sich unmittelbar auf zerfallende algebraische Kurven beliebig hoher Ordnung überträgt. Die in folgendem Satz ausgedrückte Tatsache ist dagegen für Kegelschnitte noch nicht wahr.

Satz 2. Eine Kubik kann singuläre Punkte besitzen, ohne zu zerfallen.

Beweis: Wir zeigen dies am Beispiel der Kurven mit einer Gleichung:

$$f = x_2^2 x_0 - x_1^2(x_1 + \varepsilon x_0) = 0. \tag{3}$$

Für alle zugehörigen Kurven ist, wie man sofort ausrechnet, der Punkt (1, 0, 0) singulär. Würde nun die rechte Seite von (3) zerfallen, so müßte der eine Faktor davon linear sein und somit

$$f = (a_0 x_0 + a_1 x_1 + a_2 x_2) \cdot \sum_{i,j=0}^{2} b_{ij} x_i x_j \tag{4}$$

mit $a_i, b_{ij} < K$ gelten. Es gelte (4), und wir schließen dann so: Es ist

$$a_0 \neq 0, \quad a_1 \neq 0, \quad b_{11} \neq 0,$$

da sonst die Glieder von f in (3) nicht zustande kämen. Ferner ist $a_2 = 0$, da bei $a_2 \neq 0$ in (3) ein Glied $x_2 x_1^2$ vorkommen müßte. Dann folgt aber $b_{22} \neq 0$, und dies führt wieder zur nicht vorhandenen Existenz eines Gliedes $x_2^2 x_1$.

In den nebenstehenden Bildern sind die Kurven (3) zu $\varepsilon = -1, 0, \ldots$ und $+1$ gezeichnet, unter der Annahme, daß $x_0 = 0$ Ferngerade ist.

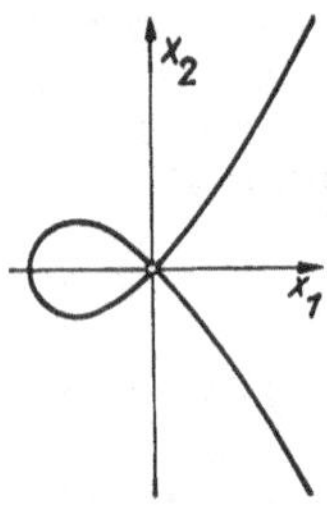

Abb. 1

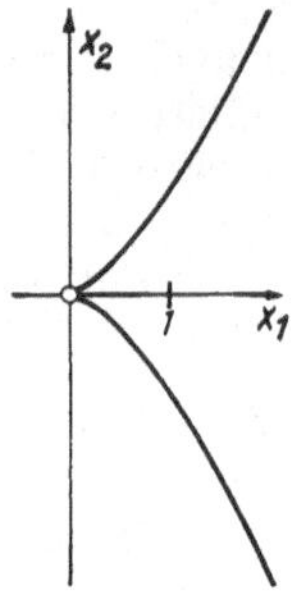

Abb. 2

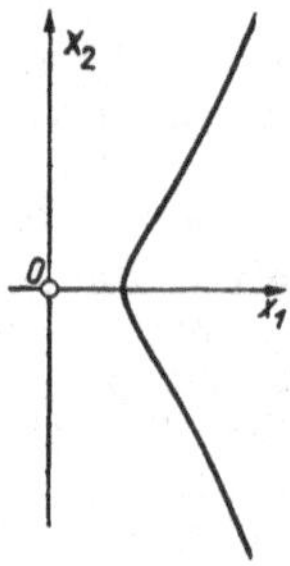

Abb. 3

Wir sahen oben, daß zerfallende Kubiken bis zu 3 singulären Punkten besitzen können. Für nicht zerfallende Kurven gilt aber

Satz 3. Eine nicht zerfallende Kubik kann höchstens einen singulären Punkt besitzen.

Beweis: Angenommen, die Kubik k_3 besitze die singulären Punkte A_0 und B_0. Dann wählen wir die Koordinaten so, daß A_0 und B_0 die Eckpunkte (0, 0, 1) und (0, 1, 0) werden und finden: Die Gleichung für k_3 darf keine dritten und zweiten Potenzen in x_1 und x_2 enthalten, d. h. aber x_0 muß sich als Faktor abspalten und k_3 kann nicht irreduzibel sein, sondern besitzt die Verbindungsgerade $x_0 = 0$ der Punkte A_0 und B_0 als Teil.

Beispiele für Kubiken ohne singuläre Punkte findet man unter denjenigen Kurven, deren Gleichungen sich aus der Form (3) durch geringfügige Verallgemeinerung ergeben:

$$f = x_2^2 x_0 - x_1(x_1 + \alpha x_0)(x_1 + \beta x_0) = 0. \tag{5}$$

Es ist

$$\frac{\partial f}{\partial x_0} = x_2^2 - (\alpha + \beta)\, x_1^2 - 2\alpha\beta x_1 x_0$$

$$(6) \qquad \frac{\partial f}{\partial x_1} = -3x_1^2 - 2(\alpha + \beta)\, x_1 x_0 - \alpha\beta x_0^2$$

$$\frac{\partial f}{\partial x_2} = 2x_2 x_0,$$

und wir schließen so: Der Punkt $A_0(a_0, a_1, a_2)$ der k_3 mit der Gleichung (5) sei singulär, d. h. es sollen alle 3 Ableitungen (6) verschwinden, wenn man $x_i = a_i (i = 0, 1, 2)$ darin einsetzt. Dann folgt

$$(7) \qquad a_0 = 0 \text{ oder } a_2 = 0.$$

Aus $a_0 = 0$ würde aus (6) der Reihe nach $a_1 = a_2 = 0$ sich ergeben, was nicht sein darf. Daher muß der 2. Fall in (7) eintreten. Aus $a_2 = 0$ folgt dann entweder

a) $\qquad a_1 = 0$ und $\alpha = 0$ oder $\beta = 0$

oder

b) $\qquad a_1 \neq 0$ und $a_1 = -2\alpha\beta,$

$\qquad a_0 = \alpha + \beta,\ \alpha\beta(\alpha - \beta)^2 = 0.$

Bei Fall b) muß mithin $\alpha = \beta$ sein.

Insgesamt haben wir somit folgenden Satz gewonnen:

Satz 4. Eine Kubik mit einer Gleichung (5), bei der weder α noch β verschwinden noch $\alpha = \beta$ ist, besitzt keinen singulären Punkt.

§ 3. Definition von Wendepunkten bei Kubiken und Satz über die Inflexionsgerade

Ein singulärer Punkt P_0 der Kubik k_3 hat die Eigenschaft, daß sämtliche P_0 enthaltenden Geraden die Kurve k_3 in höchstens noch einem weiteren Punkt schneiden. Gemäß der Einleitung A gibt es in dem regulären Punkt P_0 genau eine Gerade $T_1(P_0)$, die sog. Tangente, welche dadurch gekennzeichnet ist, daß von ihren Schnittpunkten mit k_3 mindestens 2 in P_0 fallen. Bei einer Kubik k_3 ist es nun möglich, daß

$T_1(P_0)$ mit k_3 keine weiteren Punkte gemein hat. P_0 heißt dann Wendepunkt und $T_1(P_0)$ Wendetangente von k_3. Alle Kubiken mit der Gleichung (5) in § 2 haben, wie man sofort sieht, den Punkt (0, 0, 1) als Wendepunkt mit der Geraden $x_0 = 0$ als Wendetangente. Später werden wir aus allgemeineren Überlegungen heraus beweisen können, daß jede Kubik mindestens einen Wendepunkt besitzt (s. Kap. II, § 13). Unabhängig davon können wir jedoch jetzt schon folgenden Satz beweisen:

Satz 1. Die Kubik K_3 besitze die beiden Wendepunkte A_0 und B_0. Dann ist der dritte Punkt C_0, in dem die Verbindungsgerade von A_0, B_0 die Kurve k_3 schneidet, gleichfalls ein Wendepunkt.

Beweis: A_0 und B_0 sollen nach Voraussetzung reguläre Punkte von k_3 sein, und die Tangenten $T_1(A_0)$ und $T_1(B_0)$ dürfen k_3 nur je in A_0 und B_0 schneiden. Hieraus schließen wir zunächst, daß $T_1(A_0)$ und $T_1(B_0)$ verschieden sein müssen, d. h. die Punkte A_0, B_0 und

$$D_0 = T_1(A_0) \cap T_1(B_0)$$

linear unabhängig sind. Man kann daher solche Koordinaten einführen, daß A_0, B_0, D_0 die Eckpunkte

$$A_0(0, 0, 1),\ B_0(0, 1, 0),\ D_0(1, 0, 0)$$

sind. $x_1 = 0$ und $x_2 = 0$ sind dann die Wendetangenten je in A_0 und B_0. Daraus folgt, daß verschiedene Glieder der k_3 darstellenden kubischen Form verschwinden müssen, so daß k_3 schließlich durch

$$\alpha x_0^3 + (\beta x_0 + \gamma x_1 + \delta x_2) x_1 x_2 = 0 \tag{1}$$

beschrieben wird. Dabei ist $\alpha \neq 0$, da sonst k_3 in 3 Geraden zerfallen würde; ferner dürfen weder γ noch δ verschwinden; denn bei $\delta = 0$ wäre A_0 und bei $\gamma = 0$ wäre B_0 singulär, während beide Punkte regulär sein sollten. Die Geraden $x_0 = 0$ hat mit k_3 dann außer A_0 und B_0 noch den Punkt

$$C_0(0, -\delta, \gamma)$$

gemein, der wegen $\delta \neq 0, \gamma \neq 0$ gewiß von A_0 und B_0 verschieden ist. C_0 ist ferner nicht singulär, denn andernfalls könnte eine Gerade durch C_0 die k_3 höchstens noch in einem von C_0 verschiedenen Punkt schneiden, während $x_0 = 0$ mit k_3 die Punkte A_0, B_0, C_0 gemein hat. Die durch C_0 gehende Gerade mit der Gleichung

$$(2) \qquad \beta x_0 + \gamma x_1 + \delta x_2 = 0$$

hat, wie aus (1) ersichtlich ist, mit k_3 nur den Punkt C_0 gemein, ist also Wendetangente von k_3 mit C_0 als Wendepunkt. Damit ist der Satz bewiesen.

Man nennt solche Geraden, die 3 Wendepunkte einer Kubik enthalten, Inflexionsachsen. Bei der Kurve von Bild 4 mit der Gleichung in affinen Koordinaten

$$(x - y)\, y(y + 2) - 2(x - 4)^3 = 0$$

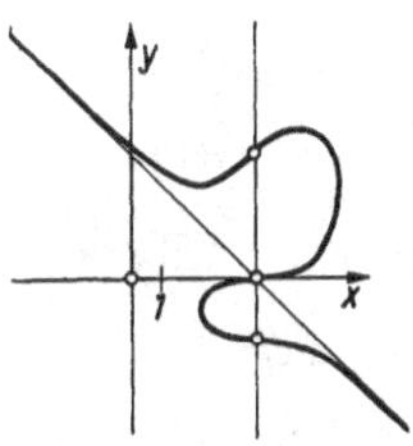

Abb. 4

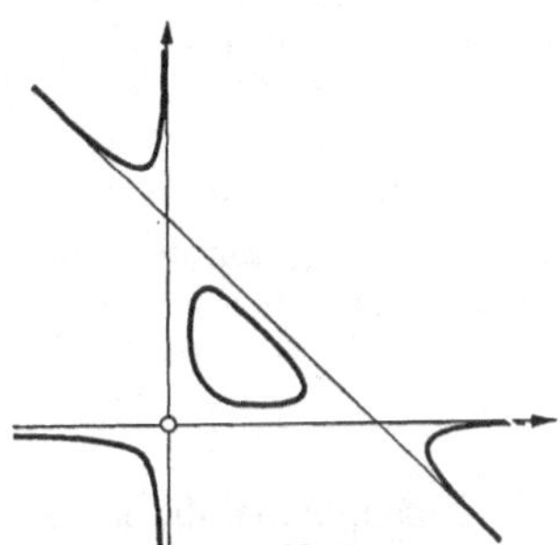

Abb. 5

ist die Gerade $x - 4 = 0$ eine solche Inflexionsachse; bei der Kurve von Bild 5 mit der Gleichung

$$x^2 y + x y^2 - 6 x y + 4 = 0$$

ist die Ferngerade Inflexionsachse und die 3 Wendetangenten, die in den Fernpunkten berühren, sind sog. Wendeasymptoten. In § 7 werden wir es mit den Inflexionsachsen bei genauerer Untersuchung der Wendepunktskonfiguration einer Kubik noch zu tun haben. Zuvor wollen wir uns mit den singulären Punkten von Kubiken eingehender beschäftigen.

§ 4. Doppelpunkt und Spitze als singuläre Punkte bei Kubiken Rationale Parameterdarstellung der singulären Kubiken

Gemäß § 2, Satz 4 darf eine nicht zerfallende Kubik höchstens einen singulären Punkt besitzen. k_3 sei eine solche nicht zerfallende Kubik mit dem singulären Punkt S_0. Dann ist es zweckmäßig, solche Koordinaten einzuführen, daß S_0 der Punkt (1, 0, 0) ist. Die Gleichung von k_3 lautet dann:

$$(1) \qquad 3x_0(\alpha x_1^2 + 2\beta x_1 x_2 + \gamma x_2^2) + ax_1^3 + 3bx_1^2 x_2 + 3cx_1 x_2^2 + dx_2^3 = 0.$$

Hierin verschwinden nicht alle 3 Zahlen α, β, γ. Denn wäre dies der Fall, so müßte (1) im komplexen Zahlkörper K nach dem sogenannten Fundamentalsatz der Algebra (s. Einleitung A) das Produkt von 3 Linearfaktoren sein, und unsere k_3 hätte eine Gleichung:

$$(2) \qquad (p_1 x_1 + p_2 x_2)(q_1 x_1 + q_2 x_2)(r_1 x_1 + r_2 x_2) = 0$$

und zerfiele entgegen der Voraussetzung in 3 Geraden durch S_0. Wir schneiden nunmehr die k_3 mit einer beliebigen Geraden $P_1 > S_0$, die wir in der Parameterdarstellung

$$(3) \qquad x_0 = \lambda, \; x_1 = p_1 \mu, \; x_2 = p_2 \mu$$

uns vorgeben, wobei die p_i Konstante aus K sind. Die Parameter der Schnittpunkte von k_3 mit P_1 erhält man durch Einsatz von (3) in (1) als Lösungen der Gleichung:

$$(4) \qquad 3\mu^2 \lambda(\alpha p_1^2 + 2\beta p_1 p_2 + \gamma p_2^2) + \mu^3(ap_1^3 + 3bp_1^2 p_2 + 3cp_1 p_2^2 + dp_2^3) = 0.$$

Diese Gleichung ist gewiß nicht identisch Null, da sonst die Gerade (3) entgegen der Voraussetzung ganz zu k_3 gehören würde. (4) hat die mindestens doppelt zählende Wurzel

$$(5) \qquad \lambda = 1, \; \mu = 0,$$

die zum Punkt S_0 gehört. Die dritte Lösung von (4) ist

$$\lambda = -(ap_1^3 + 3bp_1^2p_2 + 3cp_1p_2^2 + dp_2^3) \tag{6}$$
$$\mu = 3(\alpha p_1^2 + 2\beta p_1 p_2 + \gamma p_2^2).$$

Unter allen Geraden $P_1 > S_0$ mit der Parameterdarstellung (3) fallen nun diejenigen auf, die k_3 nur in S_0 schneiden. Sie ergeben sich für solche Konstanten p_1, p_2, die bewirken, daß (5) dreifach zählende Wurzel von (4) wird und die somit:

$$\alpha p_1^2 + 2\beta p_1 p_2 + \gamma p_2^2 = 0 \tag{7}$$

erfüllen. Diese Geraden nennt man Tangenten in S_0, da man leicht feststellt, daß sie Häufungsgeraden von Tangenten in regulären Punkten sind. Je nachdem, ob

$$\alpha\gamma - \beta^2 \neq 0 \text{ oder} \tag{8}$$
$$\alpha\gamma - \beta^2 = 0 \tag{9}$$

ist, existieren 2 oder eine derartige Tangente in S_0. Durch diese Alternativen (8) und (9) unterscheidet man 2 wesentlich verschiedene Typen von singulären Punkten bei Kubiken. Man nennt S_0 im Falle (8) Doppelpunkt und im Falle (9) Spitze. Diese Bezeichnungen werden sich aus der im § 6 zu untersuchenden Gestalt der Kubiken im Reellen verstehen lassen. Auch bei Kurven von höherer Ordnung als 3 werden wir Doppelpunkte und Spitzen als sog. gewöhnliche Singularitäten erklären können.

Wir zeigen noch den

Satz 1: Jede Kubik mit singulärem Punkt besitzt eine rationale Parameterdarstellung, analog wie die Geraden und Kegelschnitte.

Beweis: Der Beweis hierfür ergibt sich sofort, wenn man (6) in (3) einsetzt. Die Kubik hat dann die Parameterdarstellung:

$$\begin{aligned} x_0 &= -(ap_1^3 + 3bp_1^2p_2 + 3cp_1p_2^2 + dp_2^3) \\ x_1 &= p_1(\alpha p_1^2 + 2\beta p_1 p_2 + \gamma p_2^2) \\ x_2 &= p_2(\alpha p_1^2 + 2\beta p_1 p_2 + \gamma p_2^2). \end{aligned} \tag{10}$$

Läßt man darin (p_1, p_2) alle Punkte der sog. Parametergeraden P_1 durchlaufen, so erhält man sämtliche Punkte der Kubik k_3, d. h. jedem Punkt $P_0 < P_1$ ist ein Punkt von k_3 zugeordnet. Nach unserer Herleitung von (10) entspricht auch umgekehrt jedem Punkt von k_3 ein solcher von P_1, höchstens mit Ausnahme des singulären Punktes $S_0 < k_3$. Ist S_0 ein Doppelpunkt, so sind ihm 2 Punkte auf P_1 zugeordnet, die sich als Wurzeln von (7) ergeben. Ist S_0 eine Spitze, so entspricht ihm auch nur ein Punkt auf P_1.

Man sagt hierfür auch: Singuläre Kubiken sind rationale Kurven, ähnlich wie die Geraden und Kegelschnitte. Kubiken ohne singuläre Punkte kann man nicht durch rationale Funktionen in Parametern darstellen; es geht jedoch mit Hilfe von elliptischen Funktionen. Doch können wir im Rahmen dieses Werks hierauf nicht eingehen.

§ 5. Wendepunkte und projektive Klassifikation der singulären Kubiken

Wir wollen in diesem Paragraphen zeigen, daß alle Kubiken mit Doppelpunkt oder Spitze je untereinander projektiv äquivalent sind. Zuvor jedoch soll in den folgenden beiden Sätzen gezeigt werden, daß die nicht zerfallenden Kubiken mit einem singulären Punkt, die man auch kurz singulär nennt, entweder einen oder 3 Wendepunkte besitzen.

Satz 1. Eine singuläre Kubik mit Spitze besitzt genau einen Wendepunkt.

Beweis: Gegeben sei die Kubik k_3 mit der Spitze S_0, die wie in § 4 im Punkt (1, 0, 0) des Koordinatensystems liege. Wir wählen ferner die Koordinaten so, daß $x_2 = 0$ die Spitzentangente ist. Dann spezialisiert sich die Gleichung § 4 (1) von k_3 zu

$$x_2^2 x_0 + a x_1^3 + 3 b x_1^2 x_2 + 3 c x_1 x_2^2 + d x_2^3 = 0. \tag{1}$$

Wir fragen uns jetzt, wann eine Gerade G_1 Wendetangente an diese k_3 sein kann. Eine Gerade durch S_3 kann gewiß nicht k_3 außerdem noch in 3 zusammenfallenden Punkten schneiden. Daher kommen für G_1 nur solche Geraden in

Frage, deren Gleichungen sich in der Form

$$x_0 - u_1 x_1 - u_2 x_2 = 0 \tag{2}$$

normieren lassen. u_1 und u_2 in (2) sind dann so zu bestimmen, daß die Gerade (2) mit k_3 nur einen Punkt gemein hat. Das bedeutet aber, nach Elimination von x_0 aus (1) und (2) darf die resultierende Gleichung

$$\begin{aligned} x_2^2(u_1 x_1 + u_2 x_2) + a x_1^3 + 3 b x_1^2 x_2 + 3 c x_1 x_2^2 + d x_2^3 \\ = a x_1^3 + 3 b x_1^2 x_2 + (3c + u_1)\, x_1 x_2^2 + (d + u_2)\, x_2^3 = 0 \end{aligned} \tag{3}$$

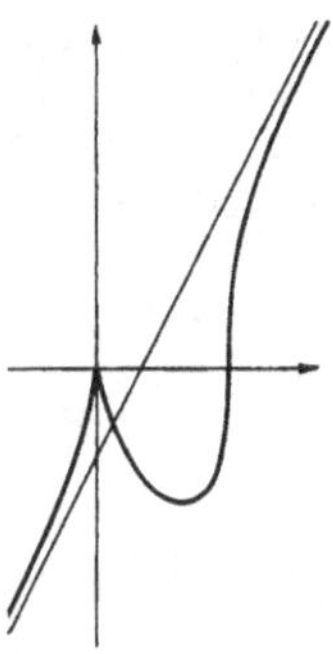

Abb. 6

nur eine dreifach zählende Wurzel besitzen. Diese Wurzel sei

$$x_1 = t, \ x_2 = -s.$$

Dann gilt

$$\begin{aligned} a x_1^3 + 3 b x_1^2 x_2 + (3c + u_1)\, x_1 x_2^2 \\ + (d + u_2)\, x_2^3 = \varrho (s x_1 + t x_2)^3 \end{aligned} \tag{4}$$

für ein gewisses $\varrho \neq 0$. Hieraus schließen wir auf die Proportion:

$$(d + u_2) : \left(c + \frac{u_1}{3}\right) : b : a = t^3 : s t^2 : s^2 t : s^3. \tag{5}$$

Es ist $a \neq 0$, da sonst unsere k_3 mit der Gleichung (1) zerfallen würde. Aus (5) entnehmen wir dann

$$\frac{t}{s} = \frac{b}{a}, \qquad \frac{d + u_2}{a} = \left(\frac{b}{a}\right)^3, \qquad \left(c + \frac{u_1}{3}\right)\frac{1}{a} = \left(\frac{b}{a}\right)^2.$$

Das bedeutet, es bestimmen sich die Koeffizienten u_1, u_2 unserer gesuchten Wendetangente (2) eindeutig zu

$$u_1 = 3\left(\frac{b^2}{a} - c\right), \quad u_2 = \frac{b^3}{a^2} - d, \tag{6}$$

womit alles bewiesen ist.

Als Beispiel hierzu diene die Kurve von Bild 6 mit der Gleichung

$$y^3 - 8x^2(x - 6) = 0.$$

Satz 2. Eine singuläre Kubik mit einem Doppelpunkt besitzt genau 3 Wendepunkte.

Beweis: Wie bisher werde das Koordinatensystem so spezialisiert, daß der Doppelpunkt S_0 (1, 0, 0) ist. Da jetzt 2 verschiedene Doppelpunktstangenten vorliegen, können wir diese zu

$$x_1 = 0 \text{ und } x_2 = 0$$

machen, so daß die Gleichung unserer Kubik k_3 lautet:

$$x_0 x_1 x_2 + a x_1^3 + 3 b x_1^2 x_2 + 3 c x_1^3 x_2^2 + d x_2^3 = 0. \tag{7}$$

Hierin darf weder a noch d verschwinden, da k_3 nicht zerfallen sollte. Wie beim Beweis vom Satz 1 haben wir auch jetzt die Wendetangenten unter den Geraden der Art (2) zu suchen. Die Wendetangentenbedingung für die Gerade (2) ist nunmehr, daß die Identität

$$\begin{aligned} a x_1^3 + (3b + u_1) x_1^2 x_2 + (3c + u_2) x_1 x_2^2 + d x_2^3 \\ \equiv \varrho (s x_1 + t x_2)^3 \end{aligned} \tag{8}$$

für gewisse Zahlen ϱ, s, t gilt. Dies bedeutet:

$$d : \left(c + \frac{u_2}{3}\right) : \left(b + \frac{u_1}{3}\right) : a = t^3 : s t^2 : s^2 t : s^3. \tag{9}$$

Aus (9) entnehmen wir jetzt:

$$\frac{d}{a} = \left(\frac{t}{s}\right)^3, \quad \frac{c + \frac{u_2}{3}}{a} = \left(\frac{t}{s}\right)^2, \quad \frac{b + \frac{u_1}{3}}{a} = \frac{t}{s}. \tag{10}$$

Für $\frac{t}{s}$ ergeben sich zufolge (10) dann 3 Werte w, ζw und $\zeta^2 w$, wobei w reell, ζ eine primitive 3. Einheitswurzel ist. Die behaupteten 3 Wendegeraden erhält man dann aus (10), wenn man in (2) der Reihe nach

$$\begin{aligned} u_1 &= 3(aw - b), & u_2 &= 3(aw^2 - c) \\ u_1 &= 3(a\zeta w - b), & u_2 &= 3(a\zeta w^2 - c) \\ u_1 &= 3(a\zeta^2 w - b), & u_2 &= 3(a\zeta^2 w^2 - c) \end{aligned}$$

setzt.

Wir benutzen jetzt die Existenz der Wendepunkte bei regulären Kubiken zum Beweis von folgendem

Satz 3. Alle Kubiken mit Doppelpunkt und alle Kubiken mit Spitze sind in der projektiven Ebene P_2 über dem komplexen Zahlkörper K je zueinander projektiv äquivalent.

Beweis: Wir zeigen den Satz dadurch, daß wir für beide Arten singulärer Kubiken je solche projektiven Koordinaten einführen, daß in den Gleichungen keine Konstanten mehr stecken. Zunächst sei k_3 eine Kubik mit Spitze S_0. Zufolge Satz 1 besitzt k_3 einen Wendepunkt W_0 mit der Wendetangente W_1, wobei W_0 nicht auf der Spitzentangente liegt und W_1 die Spitze S_0 nicht enthält. Damit können wir aber das in (1) benutzte Koordinatensystem weiter so spezialisieren, daß

$$W_0(0, 0, 1) \text{ und } W_1 \text{ zu } x_0 = 0$$

wird. Dann lautet die Gleichung unserer k_3:

$$x_0 x_2^2 - p x_1^3 = 0 \text{ mit } p \neq 0. \tag{11}$$

Durch die Änderung

$$x_0 = y_0, \quad x_1 = \frac{1}{\sqrt[3]{p}} y_1, \quad x_2 = y_2,$$

wobei $\sqrt[3]{p}$ irgendeiner der 3 möglichen Werte sein kann, erhalten wir die Normalform

$$y_0 y_2^2 - y_1^3 = 0. \tag{12}$$

Jetzt sei k_3 eine Kubik mit Doppelpunkt; dann werde das bei (7) benutzte System weiterhin so spezialisiert, daß einer der 3 Wendepunkte $W_0(0, 1, -1)$ wird mit $x_0 = 0$ als Wendetangente. Dies ist statthaft; denn 1.) liegt kein Wendepunkt auf einer der Doppelpunkttangenten $x_1 = 0$ oder $x_2 = 0$, 2.) enthält keine Wendetangente den Doppelpunkt S_0 (1, 0, 0). k_3 hat dann eine Gleichung der Gestalt:

$$x_0 x_1 x_2 + p(x_1 + x_2)^3 = 0 \quad (p \neq 0). \tag{13}$$

Durch die Änderung

$$x_0 = \left(\sqrt[3]{p}\right)^2 y_0, \quad x_1 = \frac{y_1}{\sqrt[3]{p}}, \quad x_2 = \frac{y_2}{\sqrt[3]{p}},$$

wo für die Wurzel wieder eine der 3 Bestimmungen zu nehmen ist, erreicht man die Normalform

$$y_0 y_1 y_2 + (y_1 + y_2)^3 = 0. \tag{14}$$

Die Existenz der Normalformen (12) und (14) beweist den Satz.

Man rechnet leicht aus, daß die Koordinaten der 3 Wendepunkte mit zugehöriger Wendetangente für die Normalform (14) lauten:

$$(0, 1, -1) \text{ und } x_0 = 0$$
$$(\zeta - 1, 1, -\zeta) \text{ und } x_0 = (\zeta^2 - 1)\, x_1 + (\zeta - 1)\, x_2$$
$$(\zeta^2 - 1, 1, -\zeta^2) \text{ und } x_0 = (\zeta - 1)\, x_1 + (\zeta^2 - 1)\, x_2,$$

wobei ζ eine primitive 3. Einheitswurzel bedeutet. Die Inflexionsachse, auf der die 3 Wendepunkte liegen, hat dann die Gleichung

$$y_0 + y_1 + y_2 = 0.$$

§ 6. Realitätstypen und gestaltliche Eigenschaften der Kubiken

Bei den quadratischen Hyperflächen (auch Quadriken genannt) ist bekanntlich der Rang die einzige Invariante im Sinne der komplexen projektiven Geometrie. Bei der reellen Klassifikation zerfallen die Klassen aller Quadriken gleichen Ranges noch in die Unterklassen aller Quadriken je von gleicher Signatur. Diese reelle Klassifikation läßt sich auch so auffassen: Die Quadrik Q des komplexen P_n möge mit jedem Punkt auch den konjugiert komplexen enthalten, d. h. die durch

$$y_i = \bar{x}_i (i = 0, 1, \ldots, n) \tag{1}$$

in geeigneten Koordinaten ausgedrückte Transformation σ der Symmetrie in sich gestatten. Das kommt auf dasselbe hinaus, wie zu sagen, Q besitze in den genannten Koordinaten eine Gleichung mit reellen Koeffizienten. Alle Quadriken gehören dann zum gleichen Realitätstyp, wenn sie durch solche Kollineationen ineinander übergehen, die sich in diesem System mit reellen Matrizen beschreiben lassen. Bei den nicht entarteten Kegelschnitten (Rang 3) unterscheidet man hierbei einen nullteiligen Typus ohne reelle Punkte und einen mit reellen Punkten, bei den Geradenpaaren (Rang 2) die Paare reeller Geraden und die Paare konjugiert komplexer Geraden.

Entsprechend fragen wir jetzt auch nach den Realitätstypen von Kubiken k_3. Wir nennen dabei kurz „reell" alle k_3, die in einem bestimmten Koordinatensystem durch eine Gleichung mit reellen Koeffizienten beschrieben werden. Wie bei den Kegelschnitten gehören alle solche k_3, die durch eine in dem genannten System reelle Kollineation auseinander hervorgehen, zum gleichen Realitätstyp. Zunächst bemerken wir, daß es keine nullteiligen k_3 geben kann. Denn eine reelle Gerade schneidet eine reelle Kubik wegen ihres ungeraden Grades stets mindestens in einem reellen Punkt. Ferner ergeben sich unmittelbar folgende Tatsachen:

a) Die Symmetrie σ (s. (1)) führt einen singulären Punkt von k_3 wieder in einen solchen über. Da k_3 als nicht zerfallend höchstens einen singulären Punkt besitzt, muß ein solcher Punkt bei reeller k_3 also reell sein.

b) Auch ein Wendepunkt muß bei der Symmetrie σ wieder in einen solchen übergehen, d. h. die Wendepunkte einer reellen k_3 sind entweder reell, oder zu jedem komplexen Wendepunkt tritt auch der konjugiert komplexe auf. Da wir in § 5 bei den singulären Kubiken 3 oder 1 Wendepunkt feststellten, gilt der folgende

Satz 1. Eine reelle, singuläre Kubik besitzt entweder einen oder 3 reelle Wendepunkte.

k_3 sei jetzt eine reelle Kubik mit dem Doppelpunkt S_0, der reell ist, wie wir soeben in a) feststellten. Die Doppelpunktstangenten seien $T_1(S_0)$ und $T_1'(S_0)$. Dann bestehen folgende beiden Möglichkeiten, wenn σ die Symmetrie mit

$k_3 = \sigma(k_3)$ ist:

1. $\sigma(T_1) = (T_1),\ \sigma(T_1') = T_1'$

2. $\sigma(T_1) = T_1'$.

Man nennt S_0 im Falle 1 „reellen Knotenpunkt" und im Falle 2 „isolierten Doppelpunkt".

Zum Unterschied von den algebraischen Kurven höherer Ordnung kann man nun die möglichen Gestalten derjenigen Punktmengen in der reellen projektiven Ebene, die durch „reelle" Kubiken definiert werden, noch einigermaßen überblicken. Die erste systematische Untersuchung darüber stammt bereits von Newton[1]). Die Newtonsche Einteilung ist dann später durch Möbius (1865), H. Wiener und Kölmel (1894—1901) noch weiterhin durch Hinzunahme der affinen Typen verfeinert worden.

Man erhält schnell eine Übersicht über die Gestalten reeller Kubiken, wenn man für alle Kubiken die Existenz eines reellen Wendepunktes voraussetzt und diesen ins Unendliche legt, wie es schon Newton getan hatte. Bei den singulären Kubiken hatten wir bereits in § 4 die Existenz von Wendepunkten bewiesen, allgemein wird sie sich durch die Überlegungen von Kap. II ergeben. Zuvor benötigen wir den folgenden

Satz 2. W_0 sei ein Wendepunkt der Kubik k_3, P_1 eine Gerade durch W_0, die k_3 noch außerdem in A_0 und B_0 schneide, und C_0 der harmonisch konjugierte Punkt zu A_0, B_0 bezüglich W_0. Dann ist der Ort von C_0, wenn man P_1 alle Geraden durch W_0 durchlaufen läßt, eine Gerade, die sog. harmonische Polare von W_0.

Beweis: Wir fassen unsere projektiven Koordinaten jetzt als homogen gemachte affine Koordinaten (x, y, z) auf, nehmen W_0 als Fernpunkt $(0, 1, 0)$ der y-Achse und W_1 als Ferngerade $z = 0$ an. Dann lautet die Gleichung von k_3:

$$(2) \qquad a_0 z^3 + 3a_1 x z^2 + 3a_2 y z^2 + 3b_{11} x^2 z + 6b_{12} xyz + 3b_{22} y^2 z + c_0 x^3 = 0.$$

[1]) Enumeratio linearum tertii ordinis, 1704.

Hierin ist $b_{22} \neq 0$; denn bei $b_{22} = 0$ wäre W_0 singulär, während er doch ein Wendepunkt sein sollte. Dann ist aber die Gerade G_1 mit der Gleichung

(3) $$3a_2 z + 2b_{12} x + 3b_{22} y = 0$$

nicht die Ferngerade und auch nicht zur y-Achse parallel. Wir können mithin durch

(4) $$x' = x,\ y' = 2b_{12} x + 3b_{22} y + 3a_2 z,\ z' = z$$

neue affine Koordinaten einführen, worin k_3 die Gleichung

(5) $$y'^2 z' - \alpha_0 x'^3 - \alpha_1 x'^2 z' - \alpha_2 x' z'^2 - \alpha_3 z'^3 = 0$$

besitzt. Aus (5) sieht man, daß mit jedem Punkt (x', y', z') auch $(x', -y', z')$ auf der k_3 liegt. Das heißt, k_3 gestattet eine affine Spiegelung in sich. Die Gerade $y' = 0$ erfüllt dann die im Satz genannten Bedingungen einer harmonischen Polaren zu W_0, der ja der Fernpunkt der y-Achse ist.

Wir haben hiermit gleichzeitig gefunden, daß man die Gleichungen aller Kubiken der reellen, affinen Ebene, bei denen ein Wendepunkt im unendlich Fernen liegt, auf die Form (5) bringen kann, worin die Koeffizienten α_i reell sind. Mindestens ein Schnittpunkt von k_3 mit der Geraden $y' = 0$ ist reell; ein solcher Punkt werde als Punkt $(0, 0, 1)$ angenommen und ferner der Einheitspunkt so gewählt, daß $\alpha_0 = 1$ wird. In nicht homogenen affinen Koordinaten (x, y) kann man jede Kubik mit einem Wendepunkt im Unendlichen mithin durch eine Gleichung

(6) $$y^2 - x(x^2 + 2px + q) = 0$$

beschreiben. Gemäß § 2, Satz 4 wissen wir nun, daß die Kurve (6) genau dann singularitätenfrei ist, wenn

(7) $$x^2 + 2px + q$$

Wurzeln besitzt, die voneinander und von 0 verschieden sind. Wesentlich für die affine Gestalt der Kubik ist dann noch, ob die beiden Wurzeln von (7) reell oder konjugiert komplex sind. Außerdem erhält man in der Form (6) auch reelle Kubiken mit reellen Knoten, isolierten Doppelpunkten und Spitzen. Insgesamt ergeben sich damit 5 wesentlich verschiedene reelle Gestalttypen nicht zerfallender Kubiken, die schon Newton (s. o.) unterschieden hat. Im folgenden seien diese Typen zusammen mit einem Zahlenbeispiel und zugehörigen Bildern nochmals zusammengestellt:

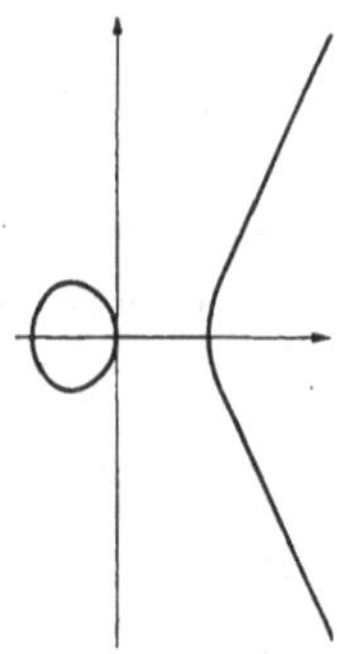

Abb. 7

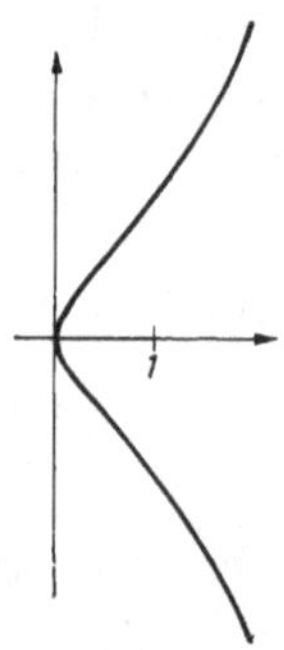

Abb. 8

I. Kubiken ohne Singularitäten

a) Zweiteilige Form:

$y^2 = x(x-1)(x+1)$ (s. Bild 7)

b) Einteilige Form:

$y^2 = x(x^2+1)$ (s. Bild 8)

II. Kubiken mit Singularitäten

a) mit reellem Knoten

$y^2 = x^2(x+1)$ (s. Bild 1)

b) mit isoliertem Punkt:

$y^2 = x^2(x-1)$ (s. Bild 3)

c) mit Spitze:

$y^2 = x^3$. (s. Bild 2)

An dieser Einteilung ist besonders bedeutungsvoll, daß die Gesamtheit der reellen Punkte einer nicht zerfallenden

Kubik aus einem oder zwei verschiedenen Teilen bestehen kann. Nach v. Staudt nennt man bei den zweiteiligen Kurven den im Endlichen liegenden Teil den paaren und den sich ins Unendliche erstreckenden Bestandteil den unpaaren Teil. Die einteiligen Formen besitzen nur diesen unpaaren Teil. Man überzeugt sich leicht durch geeignete Variation der Konstanten in (6), daß die zweiteiligen Formen stetig in die einteiligen übergeführt werden können; als Übergangstypen treten dabei singuläre Kubiken mit einem isolierten Doppelpunkt oder mit einem Knoten auf, in den sich der paare Zweig zusammenzieht oder die beiden Zweige verschmelzen, wie aus Bild 9 zu ersehen ist. Dort sind die Kubiken mit der Gleichung $y^2 - x^2(x+4) - \varepsilon = 0$ für verschiedene ε gezeichnet. Der paare Zweig wird nun ersichtlich stets durch eine Gerade höchstens in 2 reellen Punkten geschnitten, er ist daher eine konvexe Kurve und kann demnach keine Wendepunkte enthalten. Die Beispiele lehren aber, daß der unpaare Zweig stets 2 zur x-Achse symmetrische Wendepunkte besitzt. Das gleiche gilt auch für die Kurve mit isoliertem Punkt. Wir zeigen allgemein den

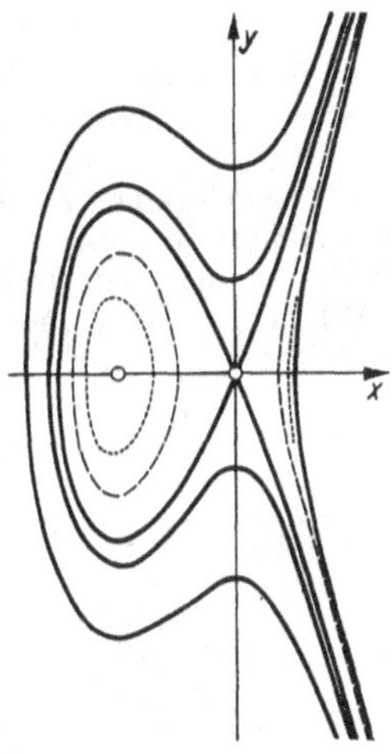

Abb. 9

Satz 3. Alle reellen Kubiken mit einer Gleichung (6) besitzen 2 reelle Wendepunkte im Endlichen mit Ausnahme der Kurven mit reellem Knotenpunkt.

Beweis: Angenommen, die positive Hälfte des unpaaren Kurventeils von k_3 werde durch

$$(8) \qquad y = +\sqrt{\varphi(x)} \quad \text{für} \quad x_0 \leqq x < \infty, \quad \varphi(x_0) = 0$$

beschrieben. Dann ist $(x_0, 0)$ ein einfacher Punkt von k_3 mit einer zur y-Achse parallelen Tangente. Für die Ableitung $y'(x)$ der Funktion $\sqrt{\varphi(x)}$ können wir dann $y'(x_0) = \infty$ setzen. Wie man sofort ausrechnet, ist ferner

$$\lim_{x \to +\infty} y'(x) = +\infty.$$

Zwischen x_0 und $+\infty$ muß $y'(x)$ als stetige Funktion mindestens ein Minimum haben, das zu einem reellen Wendepunkt von k_3 und zu einem weiteren symmetrisch zur x-Achse gelegenen Wendepunkt führt. Nur bei den Kubiken mit reellem Knoten versagt diese Überlegung. Aber in diesem Falle können wir gewiß durch reelle Kollineationen die Normalform (7) in § 5 erreichen, wobei die Koeffizienten reell sind.

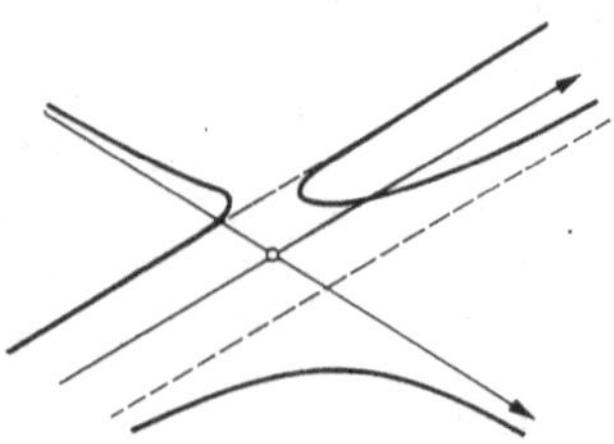

Abb. 10

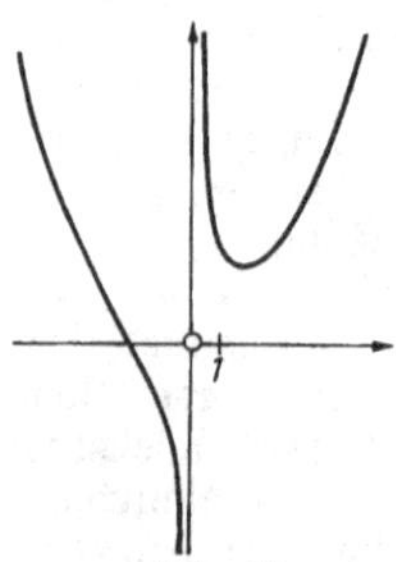

Abb. 11

Wir werden später sehen, daß es im Komplexen unendlich viele zueinander nicht projektiv äquivalente Kubiken gibt. So findet man auch unendlich viele projektive Realitätstypen von Kubiken zum Unterschied von den Kegelschnitten, und die Newtonsche Einteilung in 5 Typen gibt nur eine grobe Ordnung dieser unendlich vielen Typen. Zur gestaltlichen Erfassung der reellen Kubiken ist es jedoch außerdem noch erforderlich, auch die verschiedenen Lagen derselben zur Ferngeraden zu berücksichtigen. Bisher war in diesem Abschnitt die Ferngerade U_1 Wendetangente. Es bestehen aber außerdem noch folgende Möglichkeiten, wozu wir jeweils noch ein Beispiel mit Bild angeben:

1. U_1 schneidet k_3 in 3 verschiedenen Punkten, wovon
   a) alle 3 reell sind (s. Bild 5),
   b) nur einer reell ist (s. Bild 4),
2. U_1 ist gewöhnliche Tangente von k_3, d. h. schneidet die Kurve noch in einem weiteren reellen Punkt.

Hierzu kommen noch folgende affine Realitätstypen singulärer Kubiken, bei denen der singuläre Punkt auf U_1 liegt:

3. Reeller Knoten auf U_1
   a) U_1 ist keine Doppelpunktstangente, Beispiel:
   $$y(4 - x^2) - (6x + 13) = 0 \text{ (s. Bild 10)}$$

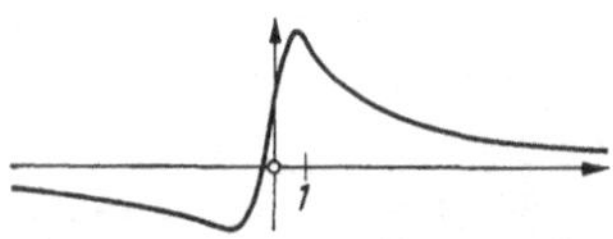

Abb. 12

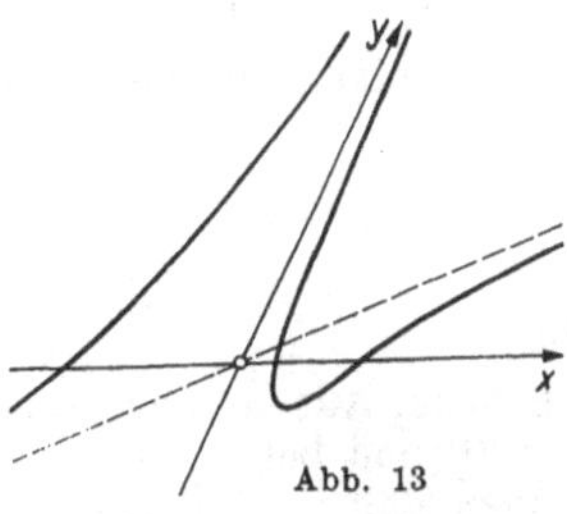

Abb. 13

   b) U_1 ist Doppelpunktstangente; Beispiel:
   $$x^3 - 4xy + 16 = 0 \text{ (s. Bild 11)}$$
4. Isolierter Doppelpunkt auf U_1; Beispiel:
   $$y(x^2 + 1) - 6x + \frac{5}{2} = 0$$
   (Fernpunkt der y-Achse ist isoliert; s. Bild 12)
5. Spitze auf U_1
   a) U_1 ist nicht Spitzentangente; Beispiel
   $$(2x - y)^2(5y - 2x) + 32(6x - 3y - 7) = 0$$
   (s. Bild 13)
   b) U_1 ist Spitzentangente; Beispiel: $y - x^3 = 0$.

§ 7. Hessesche Normalform und die Wendepunktkonfiguration der Kubiken

Wir gehen wieder auf die Form (1) in § 4 zurück, in die man in geeigneten Koordinaten die Gleichung jeder Kubik bringen kann, bei der eine Inflexionsachse, d. h. 3 Wendepunkte in gerader Linie, bekannt sind. Wir wollen bei allen diesen Kubiken, sofern sie nicht singulär sind, die Existenz noch weiterer Wendepunkte nachweisen. Zufolge § 4 gibt es bei singulären Kubiken nicht mehr als 3 Wendepunkte. Wir stellen daher zunächst fest, wann eine Kubik mit der Gleichung (1) aus § 4 eine Singularität besitzt.

Satz 1. Eine Kubik mit der Gleichung

(1) $$\alpha x_0^3 + (\beta x_0 + \gamma x_1 + \delta x_2)\, x_1 x_2 = 0 \qquad (\alpha \neq 0)$$

besitzt genau dann einen singulären Punkt, wenn entweder

(2) $$\gamma = 0 \text{ oder } \delta = 0$$

oder

(3) $$\beta^3 + 27\,\alpha\gamma\delta = 0$$

gilt.

Beweis: Aus (1) folgt zunächst, daß bei $\gamma = 0$ der Punkt $(0, 1, 0)$ und bei $\delta = 0$ der Punkt $(1, 0, 0)$ singulär ist. Wir können daher im folgenden $\gamma \neq 0$, $\delta \neq 0$ annehmen. Für einen singulären Punkt $S_0(s_0, s_1, s_2)$ müssen dann alle Ableitungen von (1) verschwinden, d. h. es gilt

(4) $$\begin{aligned} 3\alpha s_0^2 + \beta s_1 s_2 &= 0 \\ s_2(\beta s_0 + 2\gamma s_1 + \delta s_2) &= 0 \\ s_1(\beta s_0 + \gamma s_1 + 2\delta s_2) &= 0. \end{aligned}$$

Hieraus folgt: Bei $s_1 = 0$ muß wegen $\alpha \neq 0$ auch $s_0 = 0$ gelten, d. h. es ist wegen $s_2 \neq 0$ dann $\delta = 0$, was ausgeschlossen war. Ebenso würde aus $s_2 = 0$ folgen $\gamma = 0$, was gleichfalls nicht sein sollte. In (4) müssen daher die beiden Klammern verschwinden. Dies ergibt aber

(5) $$s_0 = 3\gamma\delta,\; s_1 = -\beta\delta,\; s_2 = -\beta\gamma,$$

was in die erste Gleichung von (4) eingesetzt, zu (3) führt.

Wir wollen uns im folgenden auf singularitätenfreie Kubiken der Form (1) beschränken und haben daher anzunehmen, daß weder (2) noch (3) erfüllt ist. Zuerst können wir dann durch

$$\begin{aligned} y_0 &= x_0 \\ y_1 &= \beta x_0 + 2\gamma x_1 + \delta x_2 \\ y_2 &= \beta x_0 + \gamma x_1 + 2\delta x_2 \end{aligned} \tag{6}$$

neue Koordinaten einführen, wobei $y_1 = 0$ je die harmonischen Polaren der Wendepunkte ($x_0 = x_2 = 0$, $x_1 = 1$) und ($x_0 = x_1 = 0$, $x_2 = 1$) sind (s. § 6, Satz 2). In den (y_i) hat unsere k_3 dann die Gleichung:

$$\begin{aligned} &(27\alpha\gamma\delta + \beta^3)\, y_0^3 - 3\beta y_0(y_1^2 - y_1 y_2 + y_2^2) \\ &\quad - 2y_1^3 + 3y_1^2 y_2 + 3y_1 y_2^2 - 2y_2^3 = 0. \end{aligned} \tag{7}$$

Diese können wir auch in der Form:

$$\begin{aligned} &(27\alpha\gamma\delta + \beta^3)\, y_0^3 - 3\beta y_0(y_1 + \zeta y_2)(y_1 + \zeta^2 y_2) \\ &\quad - (y_1 + \zeta y_2)^3 - (y_1 + \zeta^2 y_2)^3 = 0 \end{aligned} \tag{8}$$

schreiben, worin ζ eine primitive 3. Einheitswurzel ist. Der Faktor bei y_0^3 ist die linke Seite von (3), die nicht verschwinden sollte. Dies legt die weitere Substitution:

$$\begin{aligned} z_0 &= \sqrt[3]{27\alpha\gamma\delta + \beta^3}\, y_0 \\ z_1 &= -(y_1 + \zeta y_2) \\ z_2 &= -(y_1 + \zeta^2 y_2) \end{aligned} \tag{9}$$

nahe. In den z_i hat k_3 dann die Gleichung

$$z_0^3 + z_1^3 + z_2^3 - 3m z_0 z_1 z_2 = 0, \tag{10}$$

wobei

$$m = \frac{\beta}{2\sqrt[3]{27\alpha\gamma\delta + \beta^3}} \tag{11}$$

mit irgendeiner der 3 Bestimmungen der kubischen Wurzel ist. Man nennt (10) die Hessesche Normalform für die Gleichung einer Kubik. Jede singularitätenfreie Kubik, d. h. wie wir bald sehen werden, jede reguläre Kubik überhaupt, kann in dieser Form geschrieben werden. Ihre Bedeutung geht vor allem aus folgendem Satz hervor:

Satz 2. Jede reguläre Kubik mit 3 Wendepunkten in gerader Linie besitzt 6 weitere, also insgesamt 9 Wendepunkte.

Beweis: Wir wissen, daß eine Kubik k_3, die die Voraussetzung des Satzes erfüllt, in der Hesseschen Normalform (10) mit $z_0 = 0$ als Inflexionsachse geschrieben werden kann. (10) zeigt nun, daß unsere k_3 bei den Kollineationen

$$z_0' = z_{i_0}, \quad z_1' = z_{i_1}, \quad z_2' = z_{i_2}, \tag{12}$$

worin $(i_0\, i_1\, i_2)$ eine Permutation von $(0\ 1\ 2)$ ist, in sich übergeht. Bei diesen die symmetrische Gruppe γ_3 darstellenden Transformationen gehen gewiß Wendepunkte der k_3 wieder in solche über. Daraus folgt aber, daß auch auf den Geraden $z_1 = 0$ und $z_2 = 0$ je 3 Wendepunkte liegen. Da die Schnittpunkte der 3 Koordinatenachsen gewiß nicht auf der k_3 liegen, ergeben sich damit die behaupteten 9 Wendepunkte der Kubik.

Die Koordinaten der gefundenen 9 Wendepunkte in unserem z_i-System ergeben sich unmittelbar aus (12). Wir schreiben sie im folgenden an, wobei wir gleichzeitig die 9 Punkte mit 1 bis 9 bezeichnen:

$$\begin{array}{lll} 1(0, 1, -1); & 2(0, \zeta, -\zeta^2); & 3(0, \zeta^2, -\zeta) \\ 4(-1, 0, +1); & 5(-\zeta^2, 0, \zeta); & 6(-\zeta, 0, \zeta^2) \\ 7(1, -1, 0); & 8(\zeta, -\zeta^2, 0); & 9(\zeta^2, -\zeta, 0). \end{array} \tag{13}$$

Außer $z_0 = 0$, $z_1 = 0$, $z_2 = 0$ findet man noch weitere 9, insgesamt 12 Inflexionsachsen, die je 3 der Punkte (13) enthalten. Ihre Gleichungen sind

$$\begin{array}{rrr} z_0 = 0, & z_1 = 0, & z_2 = 0 \\ z_0 + z_1 + z_2 = 0, & z_0 + \zeta z_1 + \zeta^2 z_2 = 0, & z_0 + \zeta^2 z_1 + \zeta z_2 = 0 \\ \zeta z_0 + z_1 + z_2 = 0, & z_0 + \zeta z_1 + z_2 = 0, & z_0 + z_1 + \zeta z_2 = 0 \\ \zeta^2 z_0 + z_1 + z_2 = 0, & z_0 + \zeta^2 z_1 + z_2 = 0, & z_0 + z_1 + \zeta^2 z_2 = 0. \end{array} \tag{14}$$

Diejenige Inflexionsachse, welche die 3 Wendepunkte i, j, k enthält, werde mit $(i\,j\,k)$ bezeichnet. Dann stellt man fest, daß die 12 Achsen in der Anordnung (14) die folgenden sind:

$$(15)\qquad \begin{array}{lll} (123), & (456), & (789) \\ (147), & (258), & (369) \\ (168), & (249), & (357) \\ (159), & (348), & (267). \end{array}$$

Die Gesamtheit der 9 Wendepunkte (15) und der 12 Geraden (14) bildet eine bemerkenswerte Konfiguration. In jeder Geraden liegen 3 Punkte, und durch jeden Punkt gehen 4 Geraden, wie man aus (15) sieht. Außer den 3 Koordinatenachsen gibt es noch 3 weitere Tripel von Inflexionsachsen, die sämtliche 9 Wendepunkte enthalten. Diese Tripel stehen in (14) und (15) je in einer Zeile. In der Sprache der Konfigurationslehre[1]) bilden die 9 Wendepunkte und 12 Inflexionsachsen eine Konfiguration $(9_3, 12_4)$. Man benennt diese Konfiguration nach O. Hesse, der sie zuerst ausführlich untersucht hat. Es sei noch bemerkt, daß die Hessesche Konfiguration außer den Permutationen (12) noch weitere Kollineationen in sich zuläßt, die insgesamt eine Gruppe von 216 Elementen bilden (s. Fricke, Algebra Bd. 2, p. 330 ff.).

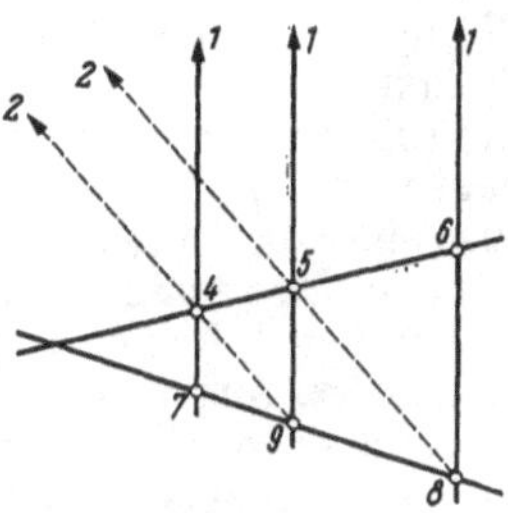

Abb. 14

Wir zeigen erst folgenden Satz:

Satz 3. In der reellen projektiven Ebene ist die Hessesche Konfiguration nicht möglich.

Beweis: Angenommen entgegen der Behauptung sei die Konfiguration $(9_3, 12_4)$ in der reellen projektiven Ebene P_2^R doch möglich. Dann erklären wir die Inflexionsachse (123) zur Ferngeraden und haben es demnach mit 6 Punkten $4, \ldots, 9$ der reellen affinen Ebene zu tun (s. Bild 14). Es sei dieselbe Numerierung gewählt wie oben, so daß also

[1]) Vgl. Levi, Geom. Konfigurationen, 1929.

4, 5, 6 und 7, 8, 9 je auf einer Geraden liegen, ebenso wie (1, 4, 7) sowie (1, 5, 9) und (1, 6, 8). Weil nun 1 Fernpunkt ist, sind die Geraden 47, 59 und 68 parallel. Ist die Numerierung so, daß 5 zwischen 4 und 6 liegt, so muß auch 9 zwischen 7 und 8 liegen. Ferner müssen 58 und 49 zueinander parallel sein (Fernpunkt 2). Hierzu muß aber auch 67 parallel sein. Dies ist jedoch unmöglich, da nach unserer Anordnung 6 und 7 auf verschiedenen Seiten der Geraden 58 liegen.

In § 6 haben wir gesehen, daß jede reguläre, reelle Kubik mit einem reellen Wendepunkt auch noch 2 weitere reelle Wendepunkte besitzt. Später werden wir sehen, daß keine Kubik mehr als 9 Wendepunkte haben kann. Benutzen wir diese Tatsache, so folgt leicht der

Satz 4. k_3 sei eine reguläre reelle Kubik. Dann hat k_3 genau 3 reelle Wendepunkte auf einer reellen Inflexionsachse sowie noch genau 3 weitere reelle Inflexionsachsen.

Beweis: σ sei die Symmetrie (Übergang zum konjugiert Komplexen gemäß § 6) mit $\sigma(k_3) = k_3$. Dann ist mit jedem Wendepunkt gewiß auch der konjugiert komplexe Punkt ein solcher. Diese Punkte sind also reell oder paarweise konjugiert komplex. Da es 9 Wendepunkte geben sollte, muß also einer davon reell sein. Die Betrachtungen von § 6 lehren aber, daß es dann noch 2 weitere reelle Wendepunkte auf der reellen Inflexionsachse G_1 gibt. Diese seien mit 1, 2, 3 numeriert. Angenommen, der reelle Punkt 4 außerhalb von G_1 sei auch ein Wendepunkt, dann sind die Geraden 14, 24, 34 reell und auch 3 weitere Wendepunkte 7, 9, 8 auf diesen Geraden. Damit wären nach demselben Schluß aber auch die auf den reellen Geraden 18 und 19 liegenden Wendepunkte 5 und 6 reell, also alle 9 Punkte einer Hesseschen Konfiguration, was Satz 3 widerspricht.

§ 8. Polarentheorie und Klasse einer Kubik

Ist k_3 mit der Gleichung $f = 0$ eine beliebige, auch zerfallende Kubik der Ebene P_2 und $P_0(p_0, p_1, p_2) \subset P_2$ ein Punkt, so erhält man durch die Polarenbildung (s. Einleitung A) in

$$(1) \qquad p_0 \frac{\partial f}{\partial x_0} + p_1 \frac{\partial f}{\partial x_1} + p_2 \frac{\partial f}{\partial x_2} = 0$$

entweder etwas, was wegen identischen Verschwindens der linken Seite nichts besagt, oder die Gleichung eines Kegelschnitts, des sog. Polarkegelschnitts $k_2(P_0)$ von P_0 bezüglich k_3. Man nennt $k_2(P_0)$ auch kurz die Polare von P_0 bezüglich k_3. Die Beziehung zwischen P_0 und $k_2(P_0)$ ist gegenüber Änderungen der projektiven Koordinaten invariant, wie wir in der Einleitung feststellten. Dies wird im folgenden mehrfach ausgenutzt werden und gilt natürlich auch, wenn (1) identisch verschwindet. Nimmt man dann ein solches System, daß P_0 zu (1, 0, 0) wird, so bedeutet ein identisches Verschwinden von (1), daß f nicht von x_0 abhängt, mithin unsere k_3 ein Tripel von Geraden durch P_0 ist. Ist nun k_3 kein solches Tripel, so sind die 3 Kegelschnitte

$$(2) \qquad \frac{\partial f}{\partial x_0} = 0, \quad \frac{\partial f}{\partial x_1} = 0, \quad \frac{\partial f}{\partial x_2} = 0$$

vorhanden und linear unabhängig, d. h. (1) definiert bei Veränderung der p_i ein lineares ∞^2-System von Kegelschnitten, das sog. Polarennetz unserer k_3. Geht man von einem nicht entarteten Kegelschnitt k_2 statt von einer Kubik k_3 aus, so erhält man so das Netz der Polaren von k_2, das mit der Gesamtheit aller Geraden der Ebene zusammenfällt. Wenn k_2 in ein Paar verschiedener Geraden durch S_0 entartet, schrumpft das Polarennetz in das Büschel aller Geraden durch S_0 zusammen; ist k_2 die doppelt zählende Gerade G_1, so tritt auch nur G_1 als mögliche Polare auf.

Wir setzen fortab wieder k_3 als irreduzibel voraus, und können demnach stets von dem Polarennetz dieser k_3 sprechen. Mit jeder algebraischen Kurve k_n ist eine solche Polarentheorie verbunden nach Art der aus der elementaren Geometrie bekannten Polarentheorie der Kegelschnitte für $n = 2$ (s. § 12). Im folgenden sollen einige Tatsachen dieser Theorie für $n = 3$ entwickelt werden, die aber z. T. auch, wie man leicht sieht, sinngemäß für ebene algebraische Kurven n-ter Ordnung mit $n > 3$ gelten. Jedoch wollen wir uns mit den entsprechenden Dingen bei allgemeiner k_n erst im § 12 beschäftigen.

1. Jedem Kegelschnitt k_2 des Polarnetzes ist eindeutig ein Punkt P_0 zugeordnet, dessen Polare k_2 ist. Zum Unterschied gegenüber den Kegelschnitten, bei denen jede Gerade auch als Polare auftritt, beachte man jedoch, daß jetzt nur die k_2 einer bestimmten ∞^2-Schar aus der Menge aller ∞^5-Kegelschnitte der Ebene als Polaren in Frage kommen. Man kann umgekehrt zeigen, daß man zu gegebenem k_2-Netz im allgemeinen auch eine k_3 konstruieren kann, von der die Kegelschnitte des Netzes die Polaren sind (s. White l. c.). Doch soll uns diese Frage hier nicht beschäftigen.

2. Die Punkte P_0 von k_3 sind dadurch gekennzeichnet, daß sie ihren Polaren $k_2(P_0)$ inzidieren. Dies folgt sofort aus dem Eulerschen Satz über homogene Funktionen

$$x_0 \frac{\partial f}{\partial x_0} + x_1 \frac{\partial f}{\partial x_1} + x_2 \frac{\partial f}{\partial x_2} = 3f, \tag{3}$$

wenn man darin die Koordinaten p_i von P_0 einsetzt.

3. Besitzt k_3 einen singulären Punkt S_0, so liegt dieser auf allen Polaren, da ja für S_0 alle 3 Ableitungen von f verschwinden.

4. $P_0'(p_i')$ sei ein gemeinsamer Punkt von k_3 und der Polaren des Punktes $P_0(p_i)$. Ist P_0' außerdem regulär, so enthält die Tangente $T_1(P_0')$ auch P_0' und umgekehrt: Ist $P_0 < T_1(P_0')$, so liegt P_2' auf der Polaren $k_2(P_0)$. Beide Tatsachen ergeben sich sofort daraus, daß

$$x_0 \left(\frac{\partial f}{\partial x_0}\right) + x_1 \left(\frac{\partial f}{\partial x_1}\right) + x_2 \left(\frac{\partial f}{\partial x_2}\right) = 0$$

die Gleichung der Tangente von k_3 in P_0' ist, wenn man die Koordinaten von P_0' in die Ableitungen $\left(\frac{\partial f}{\partial x_i}\right)$ einsetzt.

Die Tatsache 4. ist besonders wichtig. Denn mit ihrer Hilfe erhält man auf folgende Weise alle Tangenten von k_3, die einen gegebenen Punkt P_0 enthalten: Man bestimme alle Schnittpunkte von $k_2(P_0)$ mit k_3 und verbinde sie, sofern sie einfach sind, mit P_0. Ist P_0 selber ein einfacher Punkt von k_3, so nehme man außerdem noch die Tangente in P_0 hinzu.

5. Die nächste Tatsache werde als Satz formuliert:

Satz 1. P_0 sei ein Punkt der Kubik k_3 mit der Polaren $k_2(P_0)$. Dann gilt folgendes:

a) Ist P_0 einfacher Punkt von k_3 und kein Wendepunkt, dann ist $k_2(P_0)$ ein nicht zerfallender Kegelschnitt, der mit k_3 die Tangente in P_0 gemein hat.

b) Ist P_0 ein Wendepunkt, so zerfällt $k_1(P_0)$ in die Wendetangente von P_0 und eine weitere Gerade, die nichts anderes ist als die in § 6 eingeführte harmonische Polare von P_0.

c) Ist P_0 ein Doppelpunkt, so zerfällt $k_2(P_0)$ in das Paar der Doppelpunktstangenten in P_0.

d) Ist P_0 eine Spitze, so ist $k_2(P_0)$ die doppelt gezählte Spitzentangente von P_0.

Beweis: Wir wählen solche Koordinaten, daß P_0 zu $(1, 0, 0)$ wird. Unter den Gleichungen der Form

$$\begin{aligned} (4) \qquad f = a_0 x_0^2 x_1 + x_0(b_0 x_1^2 + 2b_1 x_1 x_2 + b_2 x_2^2) \\ + (c_0 x_1^3 + 3c_1 x_1^2 x_2 + 3c_2 x_1 x_2^2 + c_3 x_2^3) = 0 \end{aligned}$$

erfassen wir dann alle Kubiken mit einer der 4 im Satz erwähnten Möglichkeiten des Verhalten in P_0. Denn bei $a_0 \neq 0$ ist P_0 regulär mit $x_1 = 0$ als Tangente, die insbesondere bei $b_2 = 0$ Wendetangente ist. Bei $a_0 = 0$ kann P_0 beliebig singulär sein. Die Polare $k_2(P_0)$ von P_0 bezüglich der durch (4) definierten Kubik ist nun

$$(5) \qquad 2a_0 x_0 x_1 + (b_0 x_1^2 + 2b_1 x_1 x_2 + b_2 x_2^2) = 0.$$

Dieser Kegelschnitt zerfällt, wenn

$$(6) \qquad a_0^2 b_2 = 0$$

ist. Bei $a_0 \neq 0$ und $b_2 \neq 0$ ist $k_2(P_0)$ also regulär mit $x_1 = 0$ als Tangente, womit a) bewiesen ist. Bei $a_0 \neq 0$, $b_2 = 0$, d. h. dem Wendepunktfall, zerfällt (5) in die Geraden

$x_1 = 0$ und

(7) $$2a_0x_0 + b_0x_1 + 2b_1x_2 = 0.$$

Ein Vergleich mit § 6, Satz 2 zeigt nun, daß (7) die harmonische Polare von P_0 ist. Schließlich ist bei $a_0 = 0$ der Punkt P_0 singulär, und (5) stellt das Paar der Doppelpunktstangenten bzw. die doppelt gezählte Spitzentangente in P_0 dar. Damit ist der Satz bewiesen.

Satz 2. P_0 sei ein Punkt mit der Polaren $k_2(P_0)$ bezüglich k_3. Die Kurven k_3 und $k_2(P_0)$ mögen den für k_3 regulären Punkt P_0' gemein haben und sich dort berühren, d. h. gemeinsame Tangenten besitzen. Dann gilt entweder: a) $P_0 = P_0'$ oder b) $P_0 \neq P_0'$, und P_0 liegt auf einer Wendetangente W_1, die k_3 in P_0' berührt.

Beweis: Die Koordinaten seien so gewählt, daß P_0' der Punkt $(1, 0, 0)$ mit $x_1 = 0$ als Tangente ist. P_0 habe die Koordinaten (p_0, p_1, p_2). Dann hat k_3 eine Gleichung der Gestalt (4) mit $a_0 = 0$. Die Polare von P_0 ist:

(8) $$\begin{aligned} & p_0[2a_0x_0x_1 + b_0x_1^2 + 2b_1x_1x_2 + b_2x_2^2] \\ & + p_1[a_0x_0^2 + 2x_0(b_0x_1 + b_1x_2) + 3c_0x_1^2 + 6c_1x_1x_2 + 3c_2x_2^2] \\ & + p_2[2b_0x_0x_1 + 2b_2x_0x_2 + 3c_1x_1^2 + 6c_2x_1x_2 + 3c_2x_2^2] = 0, \end{aligned}$$

und $P_0' < k_2(P_0)$ bedeutet:

(9) $$p_1a_0 = 0, \text{ d. h. } p_1 = 0 \text{ wegen } a_0 \neq 0.$$

Ist ferner $x_1 = 0$ Tangente an $k_2(P_0)$ in P_0, so muß nach Einsatz von $x_1 = 0$ in (8) die übrigbleibende quadratische Gleichung in (x_0, x_2) die Doppelwurzel $x_2 = 0$ haben, d. h. es gilt

(10) $$p_2b_2 = 0.$$

Bei $p_2 = 0$ ist $P_0 = P_0'$; dies muß wegen (10) sein, wenn $b_2 \neq 0$, d. h. P_0' kein Wendepunkt ist. Bei $b_2 = 0$ liegt wegen (8) aber P_0 auf der Wendetangente von P_0'.

Man bezeichnet allgemein als Klasse m einer algebraischen Kurve k_n die höchste Anzahl von Tangenten an k_n, die man durch einen Punkt der Ebene legen kann. Die Ordnung n von k_n ist nun bei $n \geqq 3$ im allgemeinen nicht gleich der Klasse m, entgegen der Tatsache, daß diese Zahlen für die Kegelschnitte beide gleich 2 sind. Wir wollen die Klasse jetzt für die Kubiken ausrechnen, wo man diese Tatsache bereits feststellen kann. Dazu haben wir für einen beliebigen Punkt P_0 die Anzahl der Schnittpunkte von k_3 mit $k_2(P_0)$ festzustellen. Unter diesen Schnittpunkten kommt, wie wir wissen, stets auch der eventuell vorhandene singuläre Punkt S_0 von k_3 vor. Wenn nun aber P_0 nicht zufällig auf einer der Doppelpunkttangenten bzw. auf der Spitzentangente von S_0 liegt, wird man bei $P_0 = S_0$ die Gerade P_0S_0 nicht als Tangente zu rechnen haben. Unsere Frage ist also: Wie groß ist die Höchstzahl von Punkten der Menge:

$$(11) \qquad k_3 \cap k_2(P_0)$$

für alle P_0 der Ebene, wobei der eventuell vorhandene singuläre Punkt $S_0 < k_3$ nicht mitzuzählen ist? Die Lösung der entsprechenden Frage für allgemeine Kurven k_n erfordert den Satz von Bézout, dem wir uns erst im Kap. II zuwenden wollen. Hier geht es noch mit etwas einfacheren Überlegungen. Dazu beachten wir, daß $k_2(P_0)$ im allgemeinen ein nicht zerfallender Kegelschnitt sein wird. Dieser besitzt eine rationale Parameterdarstellung:

$$(12) \qquad x_0 = \varphi_0(\lambda, \mu), \; x_1 = \varphi_1(\lambda, \mu), \; x_2 = \varphi_2(\lambda, \mu)$$

mit quadratisch homogenen $\varphi_i(\lambda, \mu)$, und die Parameter (λ, μ) der Punkte (11) bestimmt man nach Einsatz von (12) in die Gleichung $f = 0$ der Kubik k_3. Dabei entstehe

$$(13) \qquad \Phi(\lambda, \mu) = f[\varphi_0(\lambda, \mu), \ldots, \varphi_2(\lambda, \mu)].$$

Dies $\Phi(\lambda, \mu)$ ist eine binäre Form 6. Grades, die nach dem Fundamentalsatz der Algebra höchstens 6 verschiedene Wurzeln besitzt. Diese können sich aber auf weniger als 6 Wurzeln reduzieren, die dann mit gewissen Vielfachheiten zu rechnen sind, und wir müssen auch darüber Bescheid wissen. Dazu genügt uns folgender

Satz 3. Die Kubik k_3 mit der Gleichung $f = 0$ und der reguläre Kegelschnitt k_2 mit der Parameterdarstellung (12) mögen den Punkt A_0 gemein haben, der für beide Kurven einfach ist, derart, daß auch die Tangenten an k_3 und k_2 in A_0 voneinander verschieden sind. Dann zählt die entsprechende Wurzel der durch (13) definierten binären Form Φ nur einfach.

Beweis: Der gemeinsame Punkt A_0 von k_2 und k_3 gehöre zu den Parametern λ_0, μ_0. Dann lautet die Parameterdarstellung der Tangente an k_2 in A_0, wie sich aus (12) ergibt:

$$(14) \qquad x_i = \left(\frac{\partial \varphi_i}{\partial \lambda}\right) u + \left(\frac{\partial \varphi_i}{\partial \mu}\right) v \qquad (i = 0, 1, 2),$$

und k_3 hat in A_0 die Tangente

$$(15) \qquad \left(\frac{\partial f}{\partial x_0}\right) X_0 + \left(\frac{\partial f}{\partial x_1}\right) X_1 + \left(\frac{\partial f}{\partial x_2}\right) X_2 = 0.$$

Durch die Klammern in (14), (15) werde angedeutet, daß die Parameter und Koordinaten von A_0 je einzusetzen sind. Notwendig und hinreichend für die Übereinstimmung der durch (14) und (15) definierten Tangenten ist

$$(16) \qquad \sum_{i=0}^{2} \left(\frac{\partial f}{\partial x_i}\right)\left(\frac{\partial \varphi_i}{\partial \lambda}\right) = 0, \quad \sum_{i=0}^{2} \left(\frac{\partial f}{\partial x_i}\right)\left(\frac{\partial \varphi_i}{\partial \mu}\right) = 0.$$

Anderseits ist das Verschwinden von $\frac{\partial \Phi}{\partial \lambda}$ und $\frac{\partial \Phi}{\partial \mu}$ in λ_0, μ_0 notwendig und hinreichend dafür, daß Φ das Paar (λ_0, μ_0) als mehrfache Wurzel hat. Dies sind aber die Bedingungen (16), wie man ausrechnet. Bei Verschiedenheit der beiden Tangenten ist nun (16) nicht erfüllt, und damit hat Φ das Paar (λ_0, μ_0) nur als einfache Wurzel und umgekehrt.

Mit Hilfe dieses Satzes folgt jetzt leicht der

Satz 4. Die Kubiken ohne singulären Punkt haben die Klasse 6.

Beweis: Wir nehmen einen Punkt P_0 außerhalb von k_3 an, ferner möge P_0 auf keiner Wendetangente von k_3 liegen. Dann sind zufolge Satz 2 die Tangenten in den Schnittpunkten von k_3 und $k_2(P_0)$ je voneinander verschieden. Jetzt haben aber nach Satz 3 die Kurven k_3 und $k_2(P_0)$ genau 6 verschiedene Punkte gemeinsam. Für speziellere Lagen von P_0, d. h. wenn P_0 auf k oder auf einer Wendetangente von k_3 liegt, vermindert sich die Zahl der gemeinsamen Punkte von k_3 und $k_2(P_0)$. Es ist 6 also nach Definition die Klasse von k_3.

Dieser Satz findet noch seine notwendige Ergänzung in folgendem

Satz 5. Die Kubiken mit Doppelpunkt haben die Klasse 4, diejenigen mit Spitze die Klasse 3.

Beweis: Es genügt offenbar, die singulären Kubiken in den Normalformen von § 5 anzusetzen. Diese sind:

$$(17)\quad \text{a)}\ x_0x_1x_2 + (x_1 + x_2)^3 = 0, \qquad \text{b)}\ x_0x_2^2 + x_1^3 = 0.$$

Die Polaren des Punktes (p_i) berechnen sich hieraus je zu:

$$(18)\quad \begin{aligned} &\text{a)}\ p_0x_1x_2 + p_1[x_0x_2 + 3(x_1 + x_2)^2] \\ &\qquad + p_2[x_0x_1 + 3(x_1 + x_2)^2] = 0 \\ &\text{b)}\ p_0x_2^2 + 3p_1x_1^2 + 2p_2x_0x_2 = 0. \end{aligned}$$

Wir schreiben außerdem a) und b) gemäß § 4 je in der Parameterdarstellung:

$$(19)\quad \begin{aligned} &\text{a)}\ x_0 = -(\lambda + \mu)^3,\ x_1 = \lambda^2\mu,\ x_2 = \lambda\mu^2 \\ &\text{b)}\ x_0 = -\mu^3,\ x_1 = \lambda^2\mu,\ x_2 = \lambda^3. \end{aligned}$$

Die gemeinsamen Schnittpunkte von k_3 und $k_2(P_0)$ bestimmen wir jetzt durch Einsetzen von (19) in (18). Wir finden dann je eine binäre Form 6. Grades in (λ, μ):

$$(20)\quad \begin{aligned} &\text{a)}\ \Phi = \lambda\mu\,[p_0\lambda^2\mu^2 + p_1(\lambda + \mu)^2(2\lambda\mu - \mu^2) \\ &\qquad + p_2(\lambda + \mu)^2(2\lambda\mu - \lambda^2)] \\ &\text{b)}\ \Phi = \lambda^3[p_0\lambda^3 + 3p_1\lambda\mu^2 - 2p_2\mu^3]. \end{aligned}$$

Aus (20) entnehmen wir: Im Fall a) hat Φ die Wurzeln $\lambda = 1$, $\mu = 0$ und $\lambda = 0$, $\mu = 1$, die zum Doppelpunkt S_0 gehören (s. § 4), die Klammer besitzt bei $p_1 \neq 0$, $p_2 \neq 0$ diese Wurzel nicht mehr, dagegen 4 weitere im allgemeinen voneinander verschiedene Wurzeln, wie etwa der Fall $p_0 = p_1 = p_2 = 1$ lehrt. Im Fall b) hat Φ die zur Spitze S_0 gehörige Wurzel ($\lambda = 0$, $\mu = 1$) dreifach. Die übrigen Wurzeln sind bei $p_2 \neq 0$ hiervon, aber auch untereinander verschieden, wie etwa das Beispiel $p_0 = p_1 = 1$, $p_2 = -1$ lehrt.

§ 9. Hessesche Kurve und syzygetische Büschel von Kubiken

Wir sahen in § 8, daß die Polare eines Punktes P_0 der Kubik k_3 selber zerfällt, d. h. mindestens einen Doppelpunkt besitzt, wenn P_0 singulär oder ein Wendepunkt ist. Wir interessieren uns jetzt auch für Punkte außerhalb von k_3, deren Polaren entarten und für die Gesamtheit der singulären Punkte aller auftretenden entarteten Polaren. Zunächst werde demnach definiert:

Definition: Hessesche Kurve $H(k_3)$ der gegebenen Kubik k_3 heißt die Menge aller derjenigen Punkte der Ebene, die als singuläre Punkte für irgendwelche Kegelschnitte des Polarennetzes auftreten. Hat k_3 die Gleichung $f = 0$, so muß das System:

$$\begin{aligned} p_0 f_{00}(x_i) + p_1 f_{01}(x_i) + p_2 f_{02}(x_i) &= 0 \\ p_0 f_{10}(x_i) + p_1 f_{11}(x_i) + p_2 f_{12}(x_i) &= 0 \\ p_0 f_{20}(x_i) + p_1 f_{21}(x_i) + p_2 f_{22}(x_i) &= 0 \end{aligned} \tag{1}$$

$$\left(f_{\mu\nu} = \frac{\partial^2 f}{\partial x_\mu \partial x_\nu}\right)$$

nichttriviale Lösungen (p_i) für gewisse nicht durchweg verschwindende x_i besitzen, wenn der Punkt (p_i) eine entartete Polare besitzt. Ein dabei auftretender singulärer Punkt einer Polaren muß demnach

$$\det\,(f_{ij}(x)) = 0 \tag{2}$$

erfüllen. Hat man umgekehrt einen Punkt (x_i), der (2) befriedigt, so bestimmt sich zufolge (1) mindestens ein Punkt (p_i), dessen Polare (x_i) als singulären Punkt hat. (2) ist mithin die Gleichung der soeben definierten Kurve $H(k_3)$.

Ohne es rechnerisch beweisen zu müssen, wissen wir bereits, daß $H(k_3)$ projektiv invariant mit der Ausgangskurve k_3 verbunden ist; man nennt $H(k_3)$ daher auch die Hessesche Kovariante von k_3. Sie wird für alle algebraischen Kurven der Ordnung $n \geqq 3$ durch die Determinante (2) definiert. Im Falle der Kubiken k_3 ist $H(k_3)$ aber dadurch ausgezeichnet, den gleichen Grad 3 zu haben wie die Ausgangskurve. Dies macht ihre Theorie in diesem Sonderfall besonders durchsichtig. Zunächst zeigen wir den

Satz 1. Die Hessesche Kurve $H(k_3)$ der Kubik k_3 läßt sich auch auffassen als Ort aller derjenigen Punkte P_0, deren Polare $k(P_0)$ singulär ist.

Beweis: Wir schreiben die Gleichung der k_3 mit folgender Indexbezeichnung hin:

$$\sum_{i_\nu=0}^{2} a_{i_0 i_1 i_2} x_{i_0} x_{i_1} x_{i_2} = 0 \quad (a_{i_0 i_1 i_2} = a_{i_0 i_2 i_1} = a_{i_1 i_0 i_2} = \cdots).$$

Das System (1) ist dann

$$(3) \quad \sum_{i=0}^{2} p_i(a_{ij0} x_0 + a_{ij1} x_1 + a_{ij2} x_2) = 0 \quad (j = 0, 1, 2).$$

Nach den x_j geordnet wird aus (3):

$$(4) \quad \sum_{i=0}^{2} x_i(a_{ij0} p_0 + a_{ij1} p_1 + a_{ij2} p_2) = 0 \quad (j = 0, 1, 2).$$

Hieraus sieht man, daß die Determinantenbedingung (2), der die x_i zu genügen haben, mit derjenigen für die p_j übereinstimmt, die man als Ort der Punkte $P_0(p_i)$ mit singulärer Polare erhält. Damit ist aber alles bewiesen.

Nunmehr folgt durch Vergleich des soeben gezeigten Satzes mit Satz 2 aus § 8:

Satz 2. Jeder einfache Punkt, den die Hessesche Kurve $H(k_3)$ mit k_3 gemein hat, ist Wendepunkt von k_3, und jeder Wendepunkt von k_3 tritt auch als Schnittpunkt mit $H(k_3)$ auf. Besitzt k_3 einen singulären Punkt, so liegt dieser außerdem noch auf $H(k_3)$.

Wir untersuchen jetzt noch die Hesseschen Kurven der singulären Kubiken, wobei vor allem ihr Verhalten im singulären Punkt von k_3 von Interesse ist:

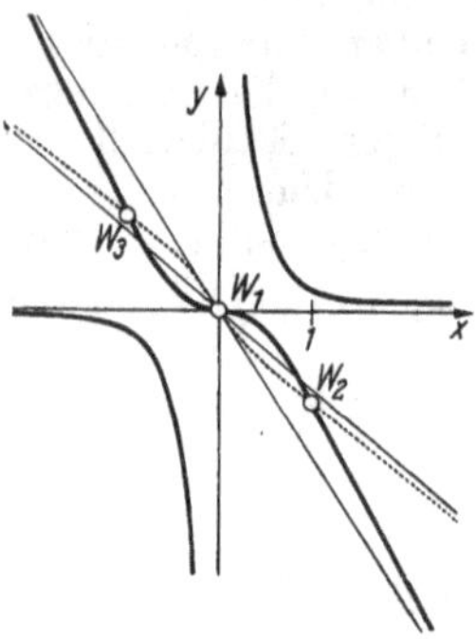

Abb. 15

Satz 3. Die Hessesche Kurve $H(k_3)$ hat im Fall einer singulären k_3 folgende Besonderheiten:

a) Besitzt k_3 eine Spitze S_0, so zerfällt $H(k_3)$ in die doppelt gezählte Spitzentangente und die Verbindungsgerade von S_0 mit dem Wendepunkt von k_3.

b) Hat k_3 einen Doppelpunkt S_0, so besitzt $H(k_3)$ gleichfalls S_0 als Doppelpunkt mit den gleichen Doppelpunktstangenten.

Beweis: Wir berechnen $H(k_3)$ in beiden Fällen für die in § 5 aufgestellten Normalformen von Gleichungen singulärer Kubiken:

a) k_3 habe eine Spitze und die Gleichung

$$f = x_0 x_2^2 + x_1^3 = 0. \tag{5}$$

Dann ergibt sich die Gleichung von $H(k_3)$ zu

$$-24 x_1 x_2^2 = 0. \tag{6}$$

b) k_3 habe einen Doppelpunkt und die Gleichung

$$f = x_0 x_1 x_2 + (x_1 + x_2)^3. \tag{7}$$

Dann hat $H(k_3)$ die Gleichung:

$$x_0 x_1 x_2 - 3x_1^3 + 3x_1^2 x_2 + 3x_1 x_2^2 - 3x_2^3 = 0. \tag{8}$$

Aus (6) und (8) ist unmittelbar der Beweis des Satzes abzulesen.

Wir bringen jetzt im folgenden 2 Beispiele mit Bildern je einer singularitätenfreien und einer Doppelpunktskubik nebst ihrer Hesseschen Kurve (s. Bild 15 und 16):

a) $8x^2y + 5xy^2 - x - 4y = 0$ und
$16x^3 + 25y^3 + 24x + 15y = 0$

b) $x^2y + 3xy^2 - x^2 + 3y^2 = 0$ und
$x^3 + 2x^2y + 6xy^2 + 3y^3 + x^2 - 3y^2 = 0.$

In Analogie zu dem bei Geraden und Kegelschnitten bekannten Begriff nennt man nun Büschel algebraischer Kurven des gleichen Grades n die Gesamtheit aller derjenigen Kurven, deren Gleichungen in der Form:

$$\lambda f + \mu g = 0 \tag{9}$$

geschrieben werden können. Dabei bedeuten $f = 0$ und $g = 0$ die Gleichungen zweier verschiedener Kurven des Grades n, die gleichfalls zum Büschel gehören und es auf-

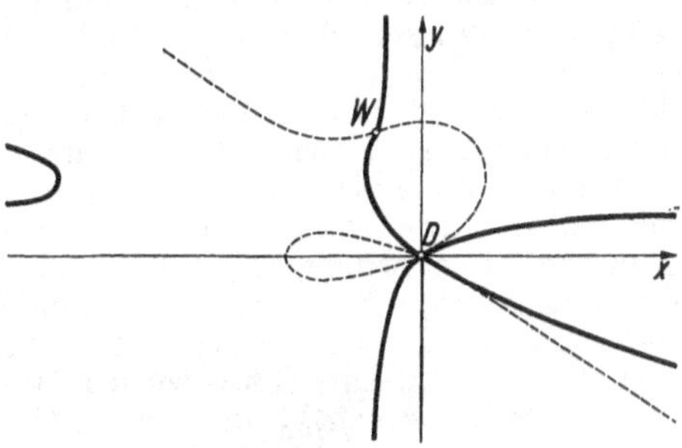

Abb. 16

spannen, wie man sagt. 2 beliebige Kurven des Büschels spannen es gleichfalls auf. Die Gesamtheit der möglichen Büscheltypen ist bereits bei Kegelschnitten und erst recht bei Kurven höheren Grades ziemlich vielgestaltig, und die Frage ihrer projektiven Klassifikation soll uns daher nicht beschäftigen. Eine besonders wichtige Klasse von Büscheln, die es nur im Falle der Kubiken gibt, soll jedoch hier erklärt werden.

Definition: Syzygetisches Büschel heißt die Gesamtheit aller derjenigen Kubiken, die durch eine nicht zerfallende Kubik k_3 und ihre Hessesche Kurve $H(k_3)$ aufgespannt werden. Da nicht jeder Punkt dieser k_3 singulär oder Wendepunkt ist, kann niemals $k_3 = H(k_3)$ sein, d. h. k_3 und $H(k_3)$ bestimmen wirklich ein Büschel.

Zu jeder Kubik k_3 gehört somit ein syzygetisches Büschel, wovon k_3 auch eine Kurve ist. Wir werden sehen, daß man bei iterierter Bildung Hessescher Kurven zu k_3 stets innerhalb des syzygetischen Büschels von k_3 verbleibt. Von hierher dürfte der Name „syzygetisch" zu verstehen sein, der eine besonders enge Beziehung der Büschelkurven zueinander ausdrücken soll. Im Falle singulärer k_3 folgt aus Satz 3 leicht, daß die nicht zerfallenden Kurven des durch k_3 bestimmten syzygetischen Büschels sämtlich auch singulär sind mit gleichem singulärem Punkt S_0 und gleichen Doppelpunkts- bzw. Spitzentangenten in S_0. Interessanter sind die zu regulären k_3 gehörigen syzygetischen Büschel. Nehmen wir an, eine solche k_3 liege vor. Die Existenz eines Wendepunktes für k_3 folgt daraus, daß k_3 und $H(k_3)$ mindestens einen Schnittpunkt besitzen, wie wir im nächsten Kapitel auf Grund des Satzes von Bézout leicht nachträglich einsehen werden. Aus der Existenz eines Wendepunktes konnten wir nun in § 7 bei regulärer k_3 sogleich auf 8 weitere Wendepunkte und die zugehörige Hessesche Konfiguration von 9 Wendepunkten, 12 Inflexionsgeraden und 4 Inflexionsdreiseiten schließen. Dies führte zu der Hesseschen Normalform der Gleichung von k_3, die jetzt auch zur Berechnung des syzygetischen Büschels zweckmäßig herangezogen werde. Wir schreiben die Gleichung unserer k_3 demnach in der Form

$$(10) \qquad f = \alpha(x_0^3 + x_1^3 + x_2^3) + \beta x_0 x_1 x_2 = 0 \qquad (\alpha \neq 0)$$

(in § 7 hatten wir $\alpha = 1$ und $\beta = 6m$ geschrieben). Durch (10) wird bei beliebiger Veränderung von α, β auch ein Büschel definiert, dem unsere k_3 angehört. Es ist nun sehr interessant zu sehen, daß dies bereits das durch k_3 bestimmte syzygetische Büschel ist.

Satz 4. Gegeben sei eine Kubik k_3 mit der Gleichung (10) zu festen α, β. Dann stellt (10) bei Veränderung von α, β auch die Kurven des zu k_3 gehörigen syzygetischen Büschels dar.

Beweis: Durch Berechnung der Hesseschen Determinante zu (10) ergibt sich:

$$H(f) = -\alpha\beta^2 (x_0^3 + x_1^3 + x_2^3) + \left(36\alpha^3 + \frac{1}{3}\beta^3\right) x_0 x_1 x_2 = 0, \tag{11}$$

und diese Kurve gehört gewiß dem durch $x_0^3 + x_1^3 + x_2^3 = 0$ und $x_0 x_1 x_2 = 0$ aufgespannten Büschel

$$\lambda(x_0^3 + x_1^3 + x_2^3) + \mu x_0 x_1 x_2 = 0 \tag{12}$$

an. Die Ausgangskurven k_3 und ihre Hessesche $H(k_3)$ sind nun bei nicht zerfallender k_3 gewiß voneinander verschieden, wie wir schon sahen. Daher können wir das Büschel (12) auch durch die Kurven k_3 und $H(k_3)$ aufspannen, und (12) ist das zu k_3 gehörige syzygetische Büschel, wie behauptet.

Wir untersuchen jetzt noch, wann die durch (10) definierte Kurve des Büschels (12) mit ihrer Hesseschen Kurve (11) zusammenfällt, was natürlich bedingt, daß (10) nicht mehr irreduzibel sein kann. Dann dürfen (10) und (11) sich nur um einen Faktor unterscheiden, d. h. es muß

$$\begin{vmatrix} \alpha, & \beta \\ -\alpha\beta^2, & 36\alpha^3 + \frac{1}{3}\beta^3 \end{vmatrix} = \alpha\left(36\alpha^3 + \frac{4}{3}\beta^3\right) = 0 \tag{13}$$

sein. Unsere Frage hat also folgende 4 Antworten:

$$\begin{aligned} &1)\ \alpha = 0,\ \beta = 1 \\ &2)\ \alpha = 1,\ \beta = -3 \\ &3)\ \alpha = 1,\ \beta = -3\zeta \\ &4)\ \alpha = 1,\ \beta = -3\zeta^2, \end{aligned} \tag{14}$$

worin ζ eine primitive 3. Einheitswurzel ist. Man überzeugt sich leicht davon, daß die zu (14) gehörigen Büschelkurven die in § 7 eingeführten Wendedreiseite einer Hessekonfiguration sind. Die Büschelkurve zu 1) in (14) ist unmittelbar als das Koordinatendreiseit zu erkennen; bei 2) in (14) ergibt es sich aus der Identität

$$(15)\quad (x_0 + x_1 + x_2)(x_0 + \zeta x_1 + \zeta^2 x_2)(x_0 + \zeta^2 x_1 + \zeta x_2) \\ = x_0^3 + x_1^3 + x_2^3 - 3x_0 x_1 x_2$$

und analog für die übrigen Fälle in (14). Irgend 2 dieser 4 Dreiseite spannen nun das Büschel (12) auf und schneiden sich, wie wir aus § 7 wissen, in den 9 Punkten einer Hessekonfiguration. Hieraus folgt aber, daß alle Kurven des syzygetischen Büschels auch die genannten 9 Punkte und keine weiteren gemein haben. Man nennt diese Punkte daher die Grundpunkte des Büschels. Da ferner mit jeder nicht entarteten Kubik des syzygetischen Büschels (12) auch ihre Hessesche Kurve darin enthalten ist, haben wir somit insgesamt folgenden

Satz 5. Die 9 Punkte einer Hessekonfiguration sind Basispunkte eines syzygetischen Büschels und gleichzeitig Wendepunkte jeder nicht entarteten Kubik dieses Büschels.

Wir untersuchen jetzt noch, wann die Hessesche Kurve der durch (10) gegebenen Kubik k_3 entartet, d. h. eines der 4 Dreiseite ist, die wir innerhalb des syzygetischen Büschels schon kennen. Dies ist trivialerweise der Fall, wenn k_3 mit ihrer Hesseschen zusammenfällt, d. h. selber eines der 4 Dreiseite ist. Es gibt jedoch auch nicht zerfallende Kubiken mit zerfallender Hesseschen Kurve innerhalb des Büschels (12). Zufolge (14) muß dann entweder

$$(16)\quad \alpha\beta^2 = 0 \text{ oder } \frac{36\alpha^3 + \frac{1}{3}\beta^3}{-\alpha\beta^2} = -3,\ -3\zeta \text{ oder } = -3\zeta^2$$

sein. Dies führt zu folgenden Antworten auf unsere Frage: a) $\alpha = 0$, $\beta = 1$, b) $\alpha = 1$, $\beta = 0$, c) $\frac{\beta}{\alpha} = t$ ist Wurzel einer der 3 Gleichungen

$$(17)\quad t^3 - 9t^2 + 108 = 0,\ t^3 - 9\zeta t^2 + 108 = 0, \\ t^3 - 9\zeta^2 t^2 + 108 = 0.$$

Die Wurzeln von (17) sind:

$$-3,\ 6,\ -3\zeta,\ 6\zeta,\ -3\zeta^2,\ 6\zeta^2.$$

Insgesamt gibt es also 8 Kurven des syzygetischen Büschels mit zerfallender Hesseschen Kurve. 4 davon sind die 4 bekannten Dreiseite, die übrigen 4 seien in folgendem Satz noch besonders zusammengestellt:

Satz 6. Unter den Kurven des syzygetischen Büschels (12) sind die folgenden dadurch ausgezeichnet, selber nicht zu zerfallen, wohl aber eine zerfallende Hessesche Kurve zu besitzen:

$$(18)\quad \begin{aligned} &x_0^3 + x_1^3 + x_2^3 = 0 \\ &x_0^3 + x_1^3 + x_2^3 + 6x_0x_1x_2 = 0 \\ &x_0^3 + x_1^3 + x_2^3 + 6\zeta x_0x_1x_2 = 0 \\ &x_0^3 + x_1^3 + x_2^3 + 6\zeta^2 x_0x_1x_2 = 0. \end{aligned}$$

Man nennt die Kubiken mit einer Gleichung der Art (18) äquianharmonisch. Der Grund hierfür wird aus den Überlegungen des nächsten Abschnitts ersichtlich werden.

§ 10. Salmons Satz und Grundinvarianten bei Kubiken

Im § 5 haben wir die projektive Äquivalenz je aller Kubiken mit Doppelpunkt und mit Spitze bewiesen. Zum Unterschied von den Kegelschnitten, wo bekanntlich alle nicht entarteten Kegelschnitte über dem komplexen Zahlkörper projektiv übereinstimmen, sind nun 2 beliebige reguläre Kubiken im allgemeinen nicht zueinander projektiv äquivalent. Dies wird schon durch die folgende Konstantenzählung nahegelegt: Die Kubiken hängen von 9, die Kollineationen der Ebene jedoch nur von 8 Konstanten ab, so daß die Klasse aller zueinander projektiv äquivalenten Kubiken von einer Konstanten abhängen muß. Diese Konstante läßt sich elementar als Doppelverhältnis deuten, wie zuerst Salmon bemerkt hat. Man kommt hierauf, wenn man beachtet, daß gemäß § 8 eine reguläre Kubik k_3 die Klasse 6 besitzt. Man kann also von einem Punkt P_0 an die k_3 höchstens 6, und im allgemeinen auch genau 6 Tangenten legen. Läßt man P_0 auf einen Punkt F_0 von k_3 rücken, so lehrt die Anschauung im Reellen, daß dann 2 der 6 Tangenten in die Tangente von F_0 übergehen, wenn F_0 kein Wendepunkt ist, so daß noch 4 weitere Tangenten existieren, die k_3 außerhalb von F_0 berühren. In jedem Punkt $F_0 < k_3$ kann man somit einen „Wurf" von 4 Tangenten erklären, die k_3 außerhalb von F_0 berühren, wenn F_0 kein Wendepunkt ist. In einem Wendepunkt F_0 gibt es zusammen mit der Wendetangente gleichfalls 4 derart ausgezeichnete Geraden durch F_0. Der Salmonsche Satz besagt nun die projektive Äquivalenz aller in den Punkten von k_3 so erklärten Würfe.

Satz 1 (von Salmon). Gegeben seien die reguläre Kubik k_3 und

$$T_1^{(1)}(P_0), \ldots, T_1^{(4)}(P_0) \tag{1}$$

die 4 durch den Punkt $P_0 < k_3$ gehenden Tangenten von k_3, die alle außerhalb von P_0 berühren, wenn P_0 kein Wendepunkt ist. Ist P_0 ein Wendepunkt, so seien (1) alle P_0 enthaltenden Tangenten. Dann sind die für alle $P_0 < k_3$ so erklärten Geradenwürfe zueinander projektiv äquivalent.

Beweis[1]: Es sei A_0 ein Punkt der Kurve k_3, und zwar kein Wendepunkt. Die Tangente $T_1(A_0)$ in A_0 an k_3 schneidet den von A_0 verschiedenen Punkt S_0 aus der Kurve k_3 aus. Durch S_0 gehe die von $T_1(A_0)$ verschiedene Tangente $T_1(B_0)$, die in B_0 berühre. Dann nehmen wir ein solches Koordinatensystem, daß S_0 der Punkt $(1, 0, 0)$ und A_0, B_0 die Punkte $(0, 0, 1)$ und $(0, 1, 0)$ sind. Um Indizes zu vermeiden, schreiben wir

$$x_1 = x, \; x_2 = y, \; x_0 = 1.$$

Dann hat unsere k_3 in den affinen Koordinaten x, y eine Gleichung der Art

$$ax^2y + bxy^2 + 2cxy + \alpha x + \beta y = 0. \tag{2}$$

---

[1]) Dieser Beweis des Satzes stammt von Herrn A. Baur.

Der endliche Punkt $P_0(p, q)$ auf der k_3 sei gegeben, so daß also wegen (2) gilt:

$$ap^2q + bpq^2 + 2cpq + \alpha p + \beta q = 0. \tag{3}$$

Wir nehmen an, daß P_0 vom Ursprung des affinen Systems verschieden ist; dann folgt aus (3), daß gewiß

$$p \neq 0, \; q \neq 0 \tag{4}$$

gilt. Uns interessieren die durch P_0 gehenden Tangenten, welche k_3 außerhalb von P_0 berühren, wenn P_0 kein Wendepunkt ist. Die Gerade

$$x - p = 0 \tag{5}$$

enthält nun den auf k_3 gelegenen Fernpunkt F_0 der y-Achse, berührt aber k_3 nicht in F_0, da dies die wegen (4) von (5) verschiedene Gerade $x = 0$ bereits tut. (5) kann aber in einem von P_0 und F_0 verschiedenen Punkt die k_3 gewiß nicht berühren. Es bleibt höchstens noch übrig, daß P_0 kein Wendepunkt ist und (5) die k_3 in P_0 berührt. Dann interessiert uns die Gerade (5) jedoch nicht. Die fraglichen Tangenten, von denen im Satz die Rede ist, sind mithin unter den Geraden mit einer Gleichung der Art

$$y - q = \lambda(x - p) \tag{6}$$

zu suchen. Die Abzissen der Schnittpunkte einer Geraden (6) mit unserer k_3 sind Lösungen von

$$\begin{aligned} &ax^2[\lambda(x-p)+q] + bx[\lambda(x-p)+q]^2 \\ &\quad + 2cx[\lambda(x-p)+q] + \alpha x + \beta[\lambda(x-p)+q] = 0. \end{aligned} \tag{7}$$

Hierunter kommt die Wurzel $x = p$ gewiß vor, d. h. (7) ist durch $x - p$ teilbar. Nach Abspaltung von $x - p$ wird aus (7) die in x quadratische Gleichung

$$\begin{aligned} &(a\lambda + b\lambda^2)\,x^2 + \;[-bp\lambda^2 + 2(bq + c)\,\lambda + aq] \\ &\qquad + \beta\lambda - \frac{\beta q}{p} = 0, \end{aligned} \tag{8}$$

wobei noch (3) geeignet zur Vereinfachung herangezogen wurde. Die Gerade (6) ist genau dann Tangente von k_3, wenn die beiden Wurzeln von (8) zusammenfallen, wenn also

$$(9)\quad [bp\lambda^2-2(bq+c)\lambda-aq]^2-4(a\lambda+b\lambda^2)\left(\beta\lambda-\frac{\beta q}{p}\right)=0$$

gilt. Zur zweckmäßigen Berechnung der 4 Wurzeln von (9). werde (9), wie folgt, umgeformt:

$$(10)\quad \left[bp\lambda^2-2\left(bq+c+\frac{\beta}{p}\right)\lambda-aq\right]^2 -4\lambda^2\left[\frac{\beta^2}{p^2}+2(bq+c)\frac{\beta}{p}+a\beta-b\beta\frac{q}{p}\right]=0.$$

Hierin schreiben wir vermittels (3) die zweite Klammer so um, daß (10) übergeht in

$$(11)\quad \left[bp\lambda^2-2\left(bq+c+\frac{\beta}{p}\right)\lambda-aq\right]^2+\frac{4\alpha\beta}{pq}\lambda^2=0.$$

Aus (11) berechnen sich die 4 Wurzeln $\lambda_1, \ldots, \lambda_4$ recht einfach durch

$$(12)\quad \begin{aligned} bp\lambda_1 &= bq+c+\frac{\beta}{p}+\sqrt{\frac{-\alpha\beta}{pq}}+\sqrt{R_1} \\ bp\lambda_2 &= bq+c+\frac{\beta}{p}+\sqrt{\frac{-\alpha\beta}{pq}}-\sqrt{R_1} \\ bp\lambda_3 &= bq+c+\frac{\beta}{p}-\sqrt{\frac{-\alpha\beta}{pq}}+\sqrt{R_2} \\ bp\lambda_4 &= bq+c+\frac{\beta}{p}-\sqrt{\frac{-\alpha\beta}{pq}}-\sqrt{R_2}\,. \end{aligned}$$

Dabei ist

$$(13)\quad \begin{aligned} R_1 &= \left(bq+c+\frac{\beta}{p}+\sqrt{\frac{-\alpha\beta}{pq}}\right)^2+abpq \\ R_2 &= \left(bq+c+\frac{\beta}{p}-\sqrt{\frac{-\alpha\beta}{pq}}\right)^2+abpq \end{aligned}$$

gesetzt, so daß sich die rechten Seiten in (12) durch die 4 möglichen Vorzeichenkombinationen der Wurzeln voneinander unterscheiden. Es gilt $b \neq 0$, da sonst die k_3, wie aus (2) ersichtlich ist, eine Singularität im Fernpunkt der y-Achse besäße. Aus (12) berechnen wir jetzt das Doppelverhältnis δ der λ_i in der angegebenen Reihenfolge zu:

$$(14)\qquad \delta = \frac{(\lambda_1-\lambda_3)(\lambda_2-\lambda_4)}{(\lambda_1-\lambda_4)(\lambda_2-\lambda_3)} = \frac{-4\frac{\alpha\beta}{pq}-R_1-R_2+2\sqrt{R_1R_2}}{-4\frac{\alpha\beta}{pq}-R_1-R_2-2\sqrt{R_2R_2}}.$$

Dieser Ausdruck soll als unabhängig von p, q nachgewiesen werden. Dazu formen wir erst R_1 und R_2 um. Es ist zufolge (13) und (3) der Reihe nach:

$$\begin{aligned} R_1 &= b^2q^2 + 2bcq + b\beta\frac{q}{p} + b\beta\frac{q}{p} + \frac{\beta^2}{p^2} + 2c\frac{\beta}{p} - \frac{\alpha\beta}{pq} \\ &\quad + abpq + c^2 + 2\left(bq + c + \frac{\beta}{q}\right)\sqrt{-\frac{\alpha\beta}{pq}} \\ &= \frac{bq}{p}(bpq + 2cp + \beta) + \frac{\beta^2}{p^2}(bpq + 2cp + \beta) - \frac{\alpha\beta}{pq} \\ &\quad + abpq + c^2 + 2\left(bq + c + \frac{\beta}{q}\right)\sqrt{-\frac{\alpha\beta}{pq}} \\ &= -b(\alpha + apq) - \frac{\beta}{pq}(\alpha + apq) - \frac{\alpha\beta}{pq} \\ &\quad + abpq + c^2 + 2\left(bq + c + \frac{\beta}{p}\right)\sqrt{-\frac{\alpha\beta}{pq}} \\ &= -a\beta - b\alpha + c^2 - 2\frac{\alpha\beta}{pq} + 2\left(bq + c + \frac{\beta}{p}\right)\sqrt{-\frac{\alpha\beta}{pq}}, \end{aligned}$$

wobei (3) zweimal angewendet wurde. R_2 unterscheidet sich hiervon nur durch das Vorzeichen der Wurzel, so daß der in (14) auftretende Ausdruck $R_1 + R_2 + 4\frac{\alpha\beta}{pq}$ wird:

$$(15)\qquad R_1 + R_2 + 4\frac{\alpha\beta}{pq} = 2c^2 - 2(a\beta + b\alpha).$$

Es ist noch analog R_1R_2 umzuformen. Zunächst ist

$$R_1R_2 = \left(c^2 - a\beta - b\alpha - \frac{2\alpha\beta}{pq}\right)^2 + 4\left(bq + c + \frac{\beta}{p}\right)^2\frac{\alpha\beta}{pq}.$$

Die 2. Klammer hierin werde so verändert:

$$\left(bq + c + \frac{\beta}{p}\right)^2 = \left(bq + \frac{\beta}{p}\right)\left(bq + 2c + \frac{\beta}{p}\right) + c^2$$

$$= -\left(bq + \frac{\beta}{p}\right)\left(ap + \frac{\alpha}{q}\right) + c^2.$$

Damit wird aber:

$$(16) \qquad R_1 R_2 = [c^2 - a\beta - b\alpha]^2 - 4ab\alpha\beta.$$

Die Einsetzung der Ausdrücke (15) und (16) in (14) führt schließlich zu:

$$(17) \quad \delta = \frac{(c^2 - a\beta - b\alpha) - \sqrt{(c^2 - a\beta - b\alpha)^2 - 4ab\alpha\beta}}{(c^2 - a\beta - b\alpha) + \sqrt{(c^2 - a\beta - b\alpha)^2 - 4ab\alpha\beta}}.$$

Die rechte Seite von (17) hängt ersichtlich nicht von (p, q) ab. Es ist noch zu zeigen, daß für die bei unserem Ansatz ausgeschlossenen Punkte, d. h. den Ursprung und die Fernpunkte der Achsen, die Doppelverhältnisse der fraglichen 4 Tangenten auch (17) sind. Dies kann man gesondert ausrechnen oder auch durch folgende Überlegung erschließen. Man beziehe die k_3 auf neue Koordinaten, bei denen jedoch die 3 obigen Punkte keine Sonderlage mehr besitzen, und schließt dann durch Vergleich der DV-Werte in 2 Punkten, die bezüglich beider Systeme keine ausgezeichnete Lage besitzen, auf die ausnahmslose Gültigkeit des Satzes.

Wir machen weiterhin noch zu diesem Satz, insbesondere im Anschluß an die Formel (17) folgende Bemerkung:

Zur Feststellung des projektiven Charakters des Tangentenwurfes, von dem in Salmons Satz die Rede ist, nahmen wir den δ-Wert aus (14), der sich durch die Formel (17) ausdrückte. Bei anderer Reihenfolge der Geraden ergibt sich bekanntlich außer δ noch einer der möglichen Werte $\frac{1}{\delta}$, $1-\delta$, $\frac{1-\delta}{\delta}$, $\frac{\delta}{1-\delta}$, $\frac{1}{1-\delta}$. Projektiv ausgezeichnete Klassen von Kubiken ergeben sich, wenn diese 6 möglichen DV-Werte nicht alle voneinander verschieden sind. Bekanntlich gibt es im Komplexen 2 verschiedene Spezialtypen von derartigen Würfen; sie werden harmonisch und äquianharmonisch genannt. Diese Namen übertragen sich auch auf die entsprechenden Kubiken.

Wir sprechen somit von

a) harmonischen Kubiken, wo δ einer der Werte $-1, \frac{1}{2}, 2$ ist,

b) äquianharmonischen Kubiken, wo δ eine der beiden primitiven 6. Einheitswurzeln:

$$\beta = \frac{1}{2} \pm \frac{i}{2}\sqrt{3}$$

ist, d. h. wo δ die Beziehung

$$\delta^2 - \delta + 1 = 0 \tag{18}$$

erfüllt.

Man kann gewisse homogene Polynome S und T vom Grade 4 und 6 in den 10 Koeffizienten der kubischen Ternärform aufstellen mit folgender Eigenschaft: Erfüllen die Koeffizienten der Gleichung einer regulären Kubik k_3 (bezüglich irgendeines ebenen projektiven Koordinatensystems) die Bedingungen $S = 0$ oder $T = 0$, so ist k_3 äquianharmonisch bzw. harmonisch. Wir können die Ausdrücke dieser sog. Grundinvarianten S, T der ternären kubischen Form hier nicht angeben[1]), bemerken aber, daß für die eingeschränkte Menge kubischer Formen (2), bei denen 5 Koeffizienten verschwinden, die genannten Bedingungen leicht aus (17) folgen, ohne daß man S und T heranzuziehen braucht. Wir formulieren dies als

Satz 2. k_3 sei eine reguläre Kubik mit der Gleichung (2). Dann ist

$$T = [c^2 - a\beta - b\alpha][2(c^2 - a\beta - b\alpha)^2 - 9ab\alpha\beta] = 0 \tag{19}$$

notwendig und hinreichend dafür, daß k_3 harmonisch und

$$S = (c^2 - a\beta - b\alpha)^2 - 3ab\alpha\beta = 0 \tag{20}$$

dafür, daß k_3 äquianharmonisch ist.

Beweis: Die Richtigkeit der Behauptung ergibt sich unmittelbar, wenn man die Bedingung dafür ausrechnet, daß δ

---

[1]) Vgl. dazu Salmon l. c. p. 247 ff.

aus (17) entweder $= -1, 2$ oder $\frac{1}{2}$ ist bzw. (18) erfüllt.

Für die in der Hesseschen Normalgestalt (s. § 9) gegebenen Kubiken läßt sich das Salmonsche Doppelverhältnis gleichfalls leicht berechnen, am besten als das von gewissen 4 Punkten der Inflexionsgeraden eines Wendepunktes. Der Leser überzeuge sich so, daß die am Schluß von § 9 behandelten Kurven äquianharmonisch sind.

Schließlich sei noch darauf hingewiesen, daß man als Doppelverhältnis von 4 Geraden eines Büschels auch die Werte 0, 1 und ∞ erhält, jedoch nur dann, wenn bloß 3 der 4 Geraden voneinander verschieden sind und eine davon doppelt zu zählen ist. Aus § 9 folgt, daß die 4 Tangenten eines Salmonschen Wurfs bei regulärer Kubik stets voneinander verschieden sind. Wir können aber beim Beweis von Satz 2 auch von einer singulären k_3 mit der Gleichung (2) ausgehen. Ist $P_0 < k_3$ vom singulären Punkt S_0 verschieden, so erscheinen unter den Geraden, bei denen das λ eine Wurzel von (9) ist, auch die Verbindungsgerade S_1 von P_0 und S_0; ist S_0 ein Doppelpunkt und keine Spitze, so ist dieses λ eine Doppelwurzel und hat nicht noch höhere Vielfachheit. Wir werden daher dazu geführt, den Kubiken mit Doppelpunkt ein Salmonsches Doppelverhältnis 0, 1 oder ∞ zuzuordnen. Bei Ausrechnung, wann dies der Fall ist, folgt unmittelbar der

Satz. k_3 sei eine singuläre Kubik mit einer Gleichung (2). Dann muß

$$ab\alpha\beta\,[(c^2 - a\alpha - b\beta)^2 - 4ab\alpha\beta] = 0 \tag{21}$$

oder

$$ab\alpha\beta\,(c + \sqrt{a\alpha} + \sqrt{b\beta})\,(c + \sqrt{a\alpha} - \sqrt{b\beta})\,(c - \sqrt{a\alpha} + \sqrt{b\beta})\,(c - \sqrt{a\alpha} - \sqrt{b\beta}) = 0$$

gelten.

§ 11. Kurven 3. Klasse (Klassenkubiken)

Wir haben in § 8 bewiesen, daß eine Kubik die Klasse 6, 4 oder 3 haben kann. Ordnung und Klasse einer ebenen algebraischen Kurve sind ihre wichtigsten projektiven Charaktere, und das nächste Kapitel soll allgemeineres über die Beziehung zwischen Ordnung und Klasse einer Kurve bringen. Ordnung und Klasse sind dual zueinander definiert, da Ordnung die Zahl von Punkten auf Geraden und Klasse die Zahl von Geraden durch Punkte angibt. Eine ebene Kurve war bei uns jedoch als Punkt- und nicht als Geradenmenge der Ebene definiert. Demnach ist eine Übereinstimmung von Ordnung und Klasse im allgemeinen auch nicht zu erwarten, und der Fall der Kegelschnitte, wo dies gilt, ist eine Ausnahme.

Man kann nun aber auch von einer Beziehung

$$f(\xi_0, \xi_1, \xi_2) = 0 \tag{1}$$

ausgehen, wobei f ein homogenes Polynom n-ten Grades in den Geradenkoordinaten (ξ_i) ist. Die Gesamtheit aller Geraden, deren Koordinaten (1) erfüllen, heiße $\hat{k}_n$ oder Dualkurve. Im Falle $n = 1$ besteht $\hat{k}_1$ aus allen Geraden eines Büschels, bei $n = 2$ ist k_2 bekanntlich je nach dem Rang entweder die Menge aller Tangenten eines regulären Kegelschnitts oder die aller Geraden von 2 Büscheln, die auch noch zusammenfallen können. Jetzt sei $n = 3$. Dann liegt algebraisch der gleiche Ausgangspunkt vor wie in den vorigen Abschnitten. Zerfällt (1), so besteht die $\hat{k}_3$ aus einem Geradenbüschel und einer $\hat{k}_2$, die ihrerseits weiter zerfallen kann oder nicht. Die hierbei auftretenden Möglichkeiten ergeben sich durch einfache Dualisierung der in § 2 aufgestellten Typen zerfallender Kubiken. Wir nehmen daher im folgenden an, f in (1) sei eine nicht zerfallende kubische Ternärform. Dann kann man, wie wir im nächsten Kapitel allgemein sehen werden, zeigen, daß die durch (1) definierte $\hat{k}_3$ eine algebraische Kurve $\tilde{k}$ festlegt. Die Koordinaten der Tangenten von $\tilde{k}$ erfüllen (1), und umgekehrt ist jede Gerade unserer Menge $\hat{k}_3$ auch Tangente von $\tilde{k}$. Diese so definierten Kurven $\tilde{k}$ heißen Klassenkubiken. Man sagt auch, sie sind die dualen oder Reziprokalkurven zu den Ordnungskubiken, die uns bisher beschäftigt haben. Der durch

(2) $$f(x_0, x_1, x_2) = 0$$

definierten, nicht zerfallenden Ordnungskubik k_3 ordnet man dabei in folgender Weise eine duale Kurve zu: Man transformiere vermittels irgendeiner regulären Korrelation $\varkappa$ die Punkte von k_3 in die Geraden einer $\hat{k}_3$. Die zu $\hat{k}_3$ gehörige Klassenkubik $\tilde{k}$ ist dann eine duale Kurve zu $\hat{k}_3$. Da es uns nur auf projektive Typen ankommt, kann man für $\varkappa$ die Polarität am Kegelschnitt

(3) $$x_0^2 + x_1^2 + x_2^2 = 0$$

nehmen. Dann bedeutet der Übergang von k_3 zu $\hat{k}_3$ aber einfach, daß man die x_i durch die ξ_i zu ersetzen hat, d. h. man nehme (1) statt (2). Man kann aber auch in folgender Weise zu $\tilde{k}$ gelangen: Erst werde die Gleichung für die mit k_3 verbundene Tangentenmenge $\hat{k}$ aufgestellt und dann ersetze man darin die Geradenkoordinaten durch die Punktkoordinaten. Der erste Schritt hierin bedeutet: Man eliminiere aus (2) und

(4) $$\xi_0 : \xi_1 : \xi_2 = \frac{\partial f}{\partial x_0} : \frac{\partial f}{\partial x_1} : \frac{\partial f}{\partial x_2}$$

die x_i, was zu

(5) $$\varphi(\xi_0, \xi_1, \xi_2) = 0$$

führe. Diese Gleichung (5), in den x_i statt in den ξ_i geschrieben definiert dann die duale Kurve $\tilde{k}$ von k_3. Algebraisch ist die fragliche Elimination jedoch bereits im Falle unserer Kubiken nicht ganz so einfach. Wir begnügen uns daher im folgenden mit Spezialfällen. Zuvor wollen wir jedoch die dualen Kurven der singulären Kubiken angeben. Bei diesen existieren gemäß § 4 rationale Parameterdarstellungen, und es ist leicht, aus der Parameterdarstellung einer rationalen Kurve k diejenige der dualen Kurve $\tilde{k}$ anzugeben, wie wir jetzt allgemein zeigen wollen.

Satz 1. Gegeben sei die rationale Kurve n-ter Ordnung k:

(6) $$x_0 = A_0(t),\ x_1 = A_1(t),\ x_2 = A_2(t),$$

worin die A_i Polynome der Höchstordnung n in t sind. Dann wird die duale Kurve $\tilde{k}$ zu k durch

$$(7)\quad x_0 = \begin{vmatrix} A_1(t), & A_2(t) \\ A_1'(t), & A_2'(t) \end{vmatrix}, \quad x_1 = \begin{vmatrix} A_2, & A_0 \\ A_2', & A_0' \end{vmatrix}, \quad x_2 = \begin{vmatrix} A_0, & A_1 \\ A_0', & A_1' \end{vmatrix}$$

definiert.

Beweis: Die Schnittpunktsparameter der Geraden

$$(8)\qquad \alpha_0 x_0 + \alpha_1 x_1 + \alpha_2 x_2 = 0$$

mit k errechnen sich als Nullstellen von

$$(9)\qquad \Phi(t) = \alpha_0 A_0(t) + \alpha_1 A_1(t) + \alpha_2 A_2(t).$$

Wenn (8) Tangente an k in dem zu t_0 gehörigen Punkt P_0 ist, muß t_0 mehrfache Wurzel von $\Phi(t)$ sein, d. h. es gilt

$$(10)\qquad \begin{aligned} \Phi(t) &= \alpha_0 A_0(t_0) + \alpha_1 A_1(t_0) + \alpha_2 A_2(t_0) = 0 \\ \Phi'(t) &= \alpha_0 A_0'(t_0) + \alpha_1 A_1'(t_0) + \alpha_2 A_2'(t_0) = 0. \end{aligned}$$

Das bedeutet aber, die Koordinaten der Tangente im regulären Punkt P_0 müssen den Minoren der Matrix

$$(11)\qquad \begin{pmatrix} A_0(t_0), & A_1(t_0), & A_2(t_0) \\ A_0'(t_0), & A_1'(t_0), & A_2'(t_0) \end{pmatrix}$$

proportional sein, was zu den Formeln (7) führt. Gehört t_0 zu einem singulären Punkt $S_0 < k$, so hat die Matrix (11) einen Rang kleiner als 2, da dann für alle Geraden durch S_0 die Bedingung einer mehrfachen Wurzel t_0 erfüllt sein muß. In (7) ist jetzt überall auf den rechten Seiten eine bestimmte Potenz des Faktors $(t - t_0)$ zweckmäßig wegzulassen.

Wir haben der Einfachheit halber hier mit einem nicht homogenen Parameter t gearbeitet. Zur vollständigen Diskussion homogenisiere man durch $t = \frac{t_1}{t_2}$ die Parameter, schreibe (6) und (7) in homogener Abhängigkeit von t_1, t_2 und untersuche die Stelle $t_2 = 0$, $t_1 = 1$ (d. h. $t = \infty$) gesondert.

Wir wenden Satz 1 auf die beiden Typen singulärer Kubiken an. Zunächst gilt der

Satz 2. Die Spitzenkubik mit der Gleichung:

$$x_0 x_2^2 + x_1^3 = 0 \tag{12}$$

und der Parameterdarstellung:

$$x_0 = 1,\ x_1 = -t^2,\ x_2 = t^3 \tag{13}$$

hat als duale die durch

$$x_0 = t^3,\ x_1 = 3t,\ x_2 = 2, \tag{14}$$

d. h.

$$27 x_2^2 x_0 - 4 x_1^3 = 0 \tag{15}$$

definierte Kubik.

Beweis: Die Behauptung wird sofort durch die Ausrechnung bewiesen.

Der Vergleich von (12) und (15) lehrt, daß die duale Kurve einer Spitzenkubik wieder eine solche, d. h. zu ihr projektiv äquivalent ist. Die Spitzenkubiken sind die einzigen Kubiken, die dies den Kegelschnitten analoge Verhalten zeigen. Weiterhin folgt durch Vergleich der Formeln (12)—(15): Die Wendetangente $x_0 = 0$ von (12) entspricht der Spitze $S_0(1, 0, 0)$ der dualen Kurve (15), während die Spitzentangente $x_2 = 0$ von (12) dem Wendepunkt (0, 0, 1) von (15) zugeordnet ist. Dies kann man auch so ausdrücken: Für die Tangentenmenge $\hat{k}_3$ unserer Spitzenkubik k_3 ist die Wendetangente w_1 singulär, und zwar verhält sich $\hat{k}_3$ dort wie dei Punktkurve k_3 bei einer Spitze. Die Spitzentangente ist jedoch für $\hat{k}_3$ nicht singulär. Man sagt hierfür auch kurz und verständlich: Spitze und Wendetangente stehen sich dual gegenüber, und die Wendetangente ist eine Liniensingularität. Dies werden wir später allgemein bei algebraischen Kurven feststellen.

Das Verständnis des dualen Gegenstücks des Doppelpunkts kann besonders gut von der Anschauung her gewonnen werden. Dazu beweisen wir erst den

Satz 3. Die Doppelpunktskubik k_3 mit der Gleichung

$$x_0 x_1 x_2 + (x_1 + x_2)^3 = 0 \tag{16}$$

und der Parameterdarstellung:

$$x_0 = (1 + t)^3, \; x_1 = -t, \; x_2 = -t^2 \tag{17}$$

hat als duale folgende Kurve 4. Grades:

$$\begin{aligned} &4x_0(x_1^3 + x_2^3) + 6x_0 x_1 x_2(9x_0 - x_1 - x_2) \\ &\quad - 27x_0^2(x_1^2 + x_2^2) + x_1^2 x_2^2 = 0 \end{aligned} \tag{18}$$

mit der Parameterdarstellung:

$$x_0 = t^2, x_1 = t(1 + t)^2(2 - t), x_2 = (1 + t)^2(2t - 1). \tag{19}$$

Beweis: Die Parameterdarstellung (19) der dualen Kurve folgt sofort durch Anwendung von Satz 1. Die Gleichung (18) folgt aus (19) durch Elimination von t. Diese Elimination machen wir durch folgende Überlegung: Aus (19), das eigentlich als fortlaufende Proportion zu schreiben ist, folgt

$$\begin{aligned} (t^2 - 2t)\, x_2 + (2t - 1)\, x_1 &= 0 \\ (1 + t)^2(t - 2)\, x_0 + t x_1 &= 0. \end{aligned} \tag{20}$$

Setzt man nun in (20) für die x_i die Koordinaten eines Punktes P_0 von k ein, so haben die Polynome (20) den Parameter t_0 von P_0 als gemeinsame Lösung, d. h. es muß für P_0 die Resultante von (20) verschwinden, also

$$\begin{vmatrix} x_2, & 2x_1 - 2x_2, & -x_1, & 0, & 0 \\ 0, & x_2, & 2x_1 - 2x_2, & -x_1, & 0 \\ 0, & 0, & x_2, & 2x_1 - 2x_2, & -x_1 \\ x_0, & 0, & x_1 - 3x_0, & -2x_0, & 0 \\ 0, & x_0, & 0, & x_1 - 3x_0, & -2x_0 \end{vmatrix} = 0 \tag{21}$$

gelten. (21) stimmt nach Abspaltung eines Faktors x_1 mit (18) überein. Unser Ansatz mußte zu dieser Nebenlösung $x_1 = 0$ führen; denn die Polynome (20) besitzen für $x_1 = 0$ und beliebige x_0, x_2 den Wert $t = 2$ als gemeinsame Wurzel.

Eine Anschauung von k_3 und ihrer dualen Kurve $\tilde{k}_4$ soll das Bild 17 vermitteln. $\tilde{k}_4$ ist von der Ordnung 4 und zeigt eine Erscheinung, die es bei den Kubiken noch nicht geben kann: Die Doppeltangente $x_0 = 0$, d. h. Gerade, welche gleichzeitig Tangente in den beiden Punkten $A_0(0, 1, 0)$ und $B_0(0, 0, 1)$ ist. Die Punkte A_0 und B_0 von $\tilde{k}_4$ sind den beiden Doppelpunktstangenten $x_1 = 0$ und $x_2 = 0$ von k_3 zu-

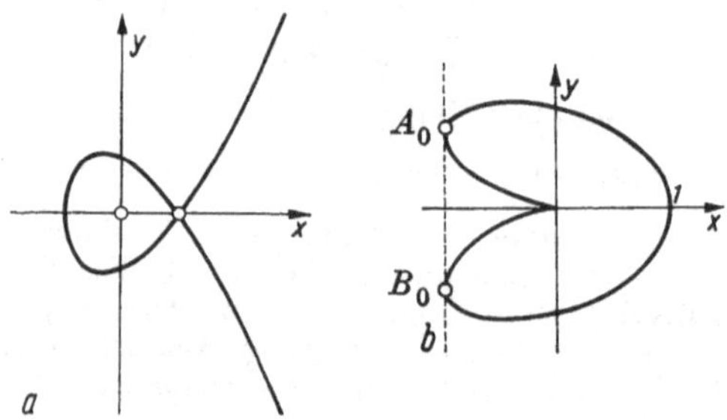

Abb. 17

geordnet. Es ist ohne weiteres anschaulich, daß eine solche Doppeltangente als Liniensingularität dem Doppelpunkt als Punktsingularität dual gegenübersteht. Der Wendetangente $x_0 = 0$ der k_3 ist jetzt der Punkt $S_0(1, 0, 0)$ von $\tilde{k}_4$ mit dem Parameter $t = -1$ zugeordnet. S_0 hat folgende Eigenschaft, die sofort aus der Parameterdarstellung (19) hervorgeht: Alle Geraden durch S_0 haben S_0 als genau doppelt zählenden Schnittpunkt mit $\tilde{k}_4$; eine Ausnahme bildet nur die Gerade $x_2 = 0$, welche mit k in S_0 die Schnittvielfachheit 3 besitzt. Wegen dieses auch bei Kubiken schon vorkommenden Verhaltens nennt man S_0 Spitze. Ebenso erweisen sich die den beiden anderen Wendetangenten von k_3 zugeordneten Punkte von $\tilde{k}_4$ als Spitzen. Die Wendepunkte von k_3 selber sind den Spitzentangenten von k_4 zugeordnet. Da die 3 Wendepunkte von k_3 kollinear sind, müssen die 3 Spitzentangenten von k_4 einen Punkt gemein haben (dies ist der Punkt A von Bild 18 b, wo bei der dualen Kurve 3 Spitzen reell sind, aber eine unendlich fern liegt). Eine Wendetangente, d. h. Gerade, die k_4 mehr als zweifach berührt, gibt es bei k_4 jedoch nicht. Denn dieser müßte eine Spitze auf k_3 entsprechen, wie wir im nächsten Kapitel allgemein sehen werden. Wir fassen zusammen:

Satz 4: Die duale Kurve $\tilde{k}_4$ einer Doppelpunktskubik besitzt 3 Spitzen mit Spitzentangenten, die einen Punkt gemein haben. Ferner hat $\tilde{k}_4$ eine Doppeltangente, aber keine Wendetangente.

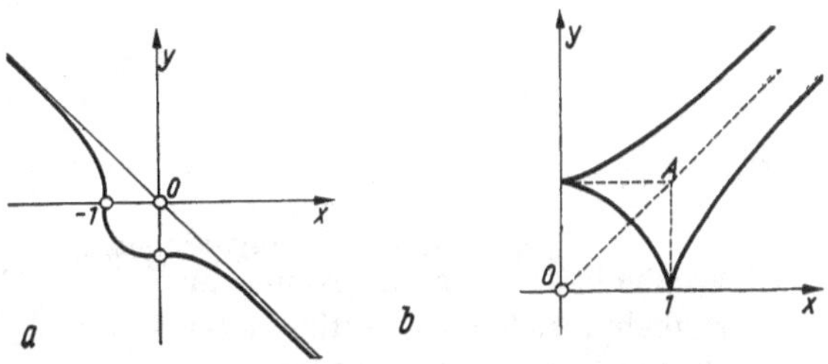

Abb. 18

Von der dualen Kurve $\tilde{k}$ einer regulären Kubik k_3 wissen wir, daß sie die Ordnung 6 hat. Die möglichen Realitätstypen dieser Klassenkubiken der Ordnung 6 erhält man leicht durch Dualisieren der Ergebnisse von § 6. Wir geben einige Grundzüge davon an: $\tilde{k}_6$ besitzt 9 Spitzen entsprechend den 9 Wendetangenten von k_3. Von diesen Spitzen sind aber nur 3 reell; ihre Tangenten gehen durch einen Punkt. k_3 besitzt ein- und zweiteilige Realitätstypen, und auch $\tilde{k}_6$ hat demnach einen oder 2 Teile im Reellen. Angenommen, k_3 sei zweiteilig, d. h. es existiert ein bestimmtes Gebiet der reellen projektiven Ebene, das sog. „Innere“ des paaren Zweiges, das dadurch ausgezeichnet ist, daß alle reellen

Geraden durch diese inneren Punkte den paaren Zweig in 2 reellen Punkten schneiden. P_0 sei ein solcher innerer Punkt; dann kann es wegen der Ordnung 3 von k_3 auch keine reellen Tangenten durch P_0 an k_3 geben. Beim Übergang

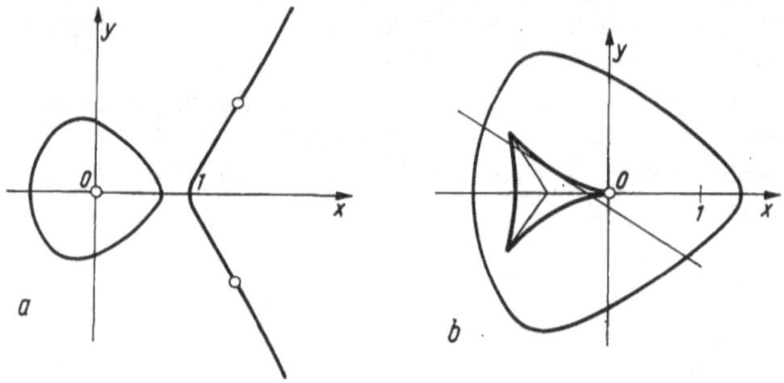

Abb. 19

zu $\tilde{k}_6$ ist demnach P_0 eine Gerade P_1 zugeordnet, die mit $\tilde{k}_6$ keine reellen Punkte gemein hat. Nimmt man P_1 als Ferngerade, so ergeben sich reelle Affinitätstypen von $\tilde{k}_6$, bei denen beide Zweige im Endlichen liegen (s. Bild 19).

Wir bringen zum Schluß noch die duale Übertragung des Salmonschen Satzes von § 10 auf die Klassenkubiken. Er lautet jetzt: Jede Tangente an eine Klassenkubik der Ordnung 6 hat außer dem Berührungspunkt noch 4 weitere Punkte mit der Kurve gemein. Alle diese Punktquadrupel sind zueinander projektiv äquivalent (s. Abb. 19 b).

Kapitel II.
Allgemeine Theorie der ebenen algebraischen Kurven

§ 12. Allgemeine Tatsachen aus der Geometrie der ebenen algebraischen Kurven

Die Begriffsbildungen dieses Abschnitts sind uns durch das, was wir von den Kubiken aus Kapitel I her wissen, bereits weitgehend nahegelegt.

Durch

$$f(x_0, x_1, x_2) = 0, \tag{1}$$

wobei f eine ternäre Form vom Grade n in den x_i mit Koeffizienten aus dem Körper K ist, wird eine ebene algebraische Kurve k_n definiert. Eine solche k_n kann beliebig in Kurven niederer Ordnungen, deren Summe gleich n ist, zerfallen, wie es uns vom Fall $n = 3$ her bekannt ist.

Der Punkt P_0 der durch (1) definierten k_n heißt von der Vielfachheit $h + 1$, wenn in P_0 alle Ableitungen von f bis zur h-ten einschließlich, aber nicht alle $h + 1$-ten Ableitungen verschwinden. Nimmt man P_0 als Punkt (1, 0, 0) eines Koordinatensystems an, so hat k_n genau dann P_0 als Punkt der Vielfachheit $h + 1$, wenn die Gleichung von k_n lautet:

$$\begin{aligned} f = x_0^{n-h} a_h(x_1, x_2) + x_0^{n-h-1} a_{h+1}(x_1, x_2) \\ + \cdots + a_n(x_1, x_2) = 0. \end{aligned} \tag{2}$$

Die a_i sind dabei binäre Formen vom Grad ihres Index, und a_h verschwindet nicht identisch. Punkte von der Vielfachheit 1 heißen regulär, solche von einer Vielfachheit $h > 1$ singulär (s. Einl. C). Aus (2) erfaßt man in den Linearfaktoren von

$$a_h(x_1, x_2) = 0, \tag{3}$$

wenn man sie gleich 0 setzt, die Gleichungen derjenigen Geraden durch P_0, welche mit k_n einen mehr als $h + 1$-fach zählenden Schnitt in P_0 gemein haben. Bei $h = 1$ ist $a_1(x_1, x_2) = 0$ die Gleichung der Tangente in P_0. Auch bei $h > 1$ wollen wir übereinkommen, jede der endlich vielen Geraden, deren Gleichung ein Faktor von (3) links ist, Tangente in P_0 zu nennen, so wie wir bei den Kubiken bereits von Doppelpunkts- und Spitzentangenten geredet hatten.

Bei $h = n$ fällt die k_n mit der Gesamtheit der so definierten Tangenten des singulären Punktes S_0 zusammen, so daß wir folgenden, gleichfalls schon für $n = 2, 3$ bekannten Satz haben:

Satz 1: Besitzt eine k_n einen Punkt S_0 von der Vielfachheit n, so zerfällt k_n in lauter Geraden durch S_0. Die Gleichungen von n beliebigen, nicht notwendig verschiedenen Geraden durch S_0 ergeben umgekehrt, miteinander multipliziert, die Gleichung einer solchen k_n.

Die höchste Vielfachheit, die ein Punkt einer nicht zerfallenden k_n besitzen kann, ist demnach $n - 1$. Kurven k_n mit einem solchen Punkt nennt man Monoide, ein Begriff, der sich auch auf Hyperflächen n-ten Grades des P_n übertragen läßt. Über sie gilt der

Satz 2. Ein Monoid $k_n (n \geqq 3)$ kann außer dem Punkt der Vielfachheit $n - 1$ keine weitere Singularität besitzen, ohne zu zerfallen.

Beweis: k_n habe die sich durch Spezialisierung aus (2) ergebende Gleichung:

$$f = x_0 a_{n-1}(x_1, x_2) + a_n(x_1, x_2) = 0. \tag{4}$$

Wäre außer $S_0(1, 0, 0)$ noch der Punkt $T_0(0, 1, 0)$ singulär, so könnte in (4) die Variable x_1 in keiner höheren Potenz als $n - 2$ auftreten. Das bedeutet aber, f spaltet den Faktor x_1 ab, und k_n zerfällt mithin in die Verbindungsgerade $x_1 = 0$ von S_0, T_0 und eine Kurve k_{n-1} durch S_0 und T_0.

Alle Kegelschnitte und singulären Kubiken gehören demnach zu den Monoiden; bei $n > 3$ sind die Monoide aber nur eine recht spezielle Kurvenklasse. Ihr singulärer Punkt gehört bei $n > 3$ zu den sog. höheren Singularitäten, zu denen man alle Punkte mit einer Vielfachheit > 2 rechnet.

Doppelpunkte und Spitzen heißen gewöhnliche Singularitäten. Wir müssen jetzt definieren, was man unter diesen Punkten, die wir bisher nur bei den Kubiken erklärt haben, im Falle allgemeiner k_n zu verstehen hat.

Definition: Ein singulärer Punkt $S_0 < k_n$ von der Vielfachheit 2 heiße Doppelpunkt oder Spitze, je nachdem ob es 2 oder 1 Tangente durch S_0 gibt. Im Fall der Spitze muß man außerdem noch verlangen, daß diese eine Tangente, die sog. Spitzentangente, k_n genau in der Vielfachheit 3 in S_0 schneidet.

Nimmt man wieder S_0 als (1, 0, 0) an, so hat k_n mit der gewöhnlichen Singularität S_0 eine Gleichung der Form (2), die wir ausführlicher so schreiben:

$$(5)\qquad f = x_0^{n-2}(ax_1^2 + 2bx_1x_2 + cx_2^2) + x_0^{n-3}a_3 + \dots + a_n = 0.$$

Dann ist S_0 bei

$$(6)\qquad ac - b^2 \neq 0$$

ein Doppelpunkt; bei

$$(7)\qquad ac - b^2 = 0$$

und nicht durchweg verschwindenden a, b, c ist S_0 eine Spitze. Dann hat k_n eine Gleichung der Art

$$(8)\qquad f = x_0^{n-2}(\alpha x_1 + \beta x_2)^2 + x_0^{n-3}a_3 + \cdots + a_n = 0,$$

und man hat noch zu verlangen, daß $\alpha x_1 + \beta x_2$ kein Faktor von $a_3(x_1, x_2)$ ist. Ist diese Forderung nicht erfüllt, so rechnet man S_0 bereits zu den höheren Singularitäten, mit denen wir uns später noch ausführlicher beschäftigen wollen.

Auch im Falle eines Doppelpunktes S_0, d. h. wo k_n die Gleichung (5) mit der Bedingung (6) befriedigt, könnte man verlangen, daß die beiden Doppelpunktstangenten die Kurve nur in der Vielfachheit 3 in S_0 schneiden oder daß $a_1x_1^2 + 2bx_1x_0 + cx_2^2$ und $a_3(x_1, x_2)$ in (5) keine gemeinsame Nullstelle besitzen. Für den Charakter von S_0 als einfache Punktsingularität ist diese Forderung aber nicht nötig. Gilt sie nicht, so stellt mindestens eine der beiden Doppelpunktstangenten eine Liniensingularität dar; diese Tatsache werden wir aber erst mit Hilfe der lokalen Reihenentwicklungen in § 15 verstehen lernen.

Weiterhin werde noch definiert:

Definition: Der singuläre Punkt k_n von der Vielfachheit $h \geqq 2$ heiße gewöhnlicher h-facher Punkt, wenn die Tangenten in ihm alle voneinander verschieden sind, d. h. wenn in der Gleichung (2) die Form a_h sich als Produkt von h wesentlich verschiedenen Linearfaktoren schreiben läßt.

Der Doppelpunkt ist demnach ein gewöhnlicher zweifacher Punkt, nicht aber die Spitze.

Eine ternäre Form n-ten Grades hängt von $\binom{n+2}{2}$ Koeffizienten ab. Da es bei uns auf einen gemeinsamen Faktor aller dieser Koeffizienten nicht ankommt, können wir sagen: Die ebenen algebraischen Kurven n-ten Grades sind eineindeutig den Punkten eines projektiven P_N von

$$N = \frac{1}{2} n(n+3) \tag{9}$$

Dimensionen zugeordnet. Auf das hiermit begründete Übertragungsprinzip können wir im Rahmen dieses Buches nicht genauer eingehen. Wir entnehmen ihm nur folgende

Definition: Lineare ∞^h-Schar von Kurven k_n heißt die Gesamtheit aller derjenigen Kurven, die den Punkten eines Teilraumes $P_h < P_N$ zugeordnet sind. In den Fällen $h = 1$ und 2 spricht man von Büscheln und Netzen.

Wie uns von den Kegelschnitten und Kubiken her bekannt ist, verknüpft man auch mit jeder Kurve k_n ein wichtiges Linearsystem von Kurven der Ordnung $n-1$, das Polarsystem. Wird k_n durch (1) definiert, so wird das zugehörige Polarsystem durch

$$\lambda_0 \frac{\partial f}{\partial x_0} + \lambda_1 \frac{\partial f}{\partial x_1} + \lambda_2 \frac{\partial f}{\partial x_2} = 0 \tag{10}$$

festgelegt, und (10) heißt, sofern der Ausdruck (10) nicht identisch verschwindet, die Polare von k_n bezüglich des Punktes (λ_i). Gemäß Einleitung A ist nun die Polarenbeziehung invariant gegen Koordinatenänderungen. Dies benutzen wir, um folgendes zu schließen: Verschwindet (10) für den Punkt $P_0 = (\lambda_i)$ identisch, so führen wir solche Koordinaten ein, daß P_0 zu $(1, 0, 0)$ wird. Dann ist $\frac{\partial f}{\partial x_0} \equiv 0$, und f hängt demnach nicht von x_0 ab. Für k_n ist P_0 also singulär von der Vielfachheit n, d. h. k_n zerfällt in n Geraden durch P_0. Umgekehrt besitzt jede derartig zerfallende k_n auch mindestens einen Punkt mit unbestimmter Polaren. Solche Punkte müssen aber vorhanden sein, wenn die $\frac{\partial f}{\partial x_0}, \frac{\partial f}{\partial x_1}, \frac{\partial f}{\partial x_2}$ voneinander linear abhängen. In jedem anderen Falle definiert (10) ein Netz von Kurven k_{n-1}, das zu k_n gehörige Polarennetz. In § 8 hatten wir bereits das zu einer Kubik gehörige Kegelschnittnetz untersucht. Wie dort schließt man allgemein: Ist P_0 ein beliebiger Punkt der Ebene und $k_{n-1}(P_0)$ die Polare von P_0, so enthält die Tangente eines für k_n regulären Schnittpunktes

$$k_n \cap k_{n-1}(P_0) \tag{11}$$

den Punkt P_0, und umgekehrt ergeben sich durch Verbindung von Punkten der Menge (11) mit P_0 auch alle Tangenten an k_n durch P_0, die nicht in P_0 selber berühren, wenn $P_0 < k_n$ gilt. Außerdem sind in allen Polaren des Netzes (10) und damit auch in (11) sämtliche singulären Punkte von k_n enthalten. Dies soll in § 14 genauer untersucht werden.

Ersetzt man die Punktkoordinaten x_i in (1) durch Geradenkoordinaten ξ_i, so definiert (1) eine mit $\hat{k}_m$ zu bezeichnende Menge von Geraden. Mit jeder irreduziblen ebenen Kurve $k_n (n > 1)$ ist nun eine derartige Menge $\hat{k}_m$ verbunden. $\hat{k}_m$ besteht aus allen Tangenten in den regulären Punkten von k_n und allen Grenzlagen dieser Tangenten, wozu die bekannten Doppelpunkts- und Spitzentangenten gehören. Die hierbei auftretende Zahl m ist die von uns bereits definierte Klasse von k_n. Man nennt k_n daher gelegentlich auch gleichzeitig Ordnungs-n-*ik* und Klassen-m-*ik*.

Durch Dualisierung der für die Ordnungs-n-*ik* schon definierten Begriffe ergeben sich unmittelbar folgende Definitionen:

a) Einfach heißt eine Tangente T_1, wenn es einen solchen Punkt $A_0 < T_1$ gibt, daß T_1 unter allen Tangenten durch irgendeinen Punkt $T_0 < T_1$ einfach zählt bei $T_0 \neq A_0$ und mindestens doppelt bei $T_0 = A_0$.

b) T_1 heißt gewöhnliche s-fache Tangente, wenn es s untereinander verschiedene Punkte $A_0^{(1)}, \ldots, A_0^{(s)}$ auf T_1 gibt, derart, daß T_1 unter den Tangenten durch einen Punkt $T_0 \neq A_0^{(i)} (i = 1, \ldots, s)$ auf T_1 genau s-fach, für die Tangenten durch $A_0^{(1)}, \ldots, A_0^{(s)}$ aber mehr als s-fach zählt.

c) Die Tangente T_1 ist das duale Analogon zur Spitze, wenn es einen Punkt $A_0 < T_1$ gibt derart, daß T_1 unter allen Tangenten durch einen Punkt $T_0 = A_0$ auf T_1 je doppelt, für die Tangenten durch T_0 jedoch dreifach zählt.

Der Leser wird leicht raten, daß zu den gewöhnlichen s-fachen Tangenten diejenigen Geraden gehören, welche die Kurve in s verschiedenen Punkten, aber in keinem weiteren je einfach berühren. Etwas weniger leicht dürfte es einzusehen sein, daß die in c) definierten Geraden die von den Kubiken her bekannten Wendetangenten sind und die man allgemein so erklärt: Wendetangente heißt eine solche Gerade T_1, die die Kurve nur in einem Punkt A_0, und zwar mit der Vielfachheit 3 berührt. Die Äquivalenz dieser Definition mit der Definition c) können wir hier noch nicht beweisen. Wir benötigen dazu und für vieles Weitere den Satz von Bézout, dem wir uns jetzt zuwenden wollen.

§ 13. Satz von Bézout und Vielfachheit der Schnittpunkte zweier algebraischer Kurven

Mit dem Namen „spezieller Satz von Bézout“ bezeichnet man heutzutage eine bestimmte Aussage über den Schnitt von n algebraischen Hyperflächen des P_n. Hier soll nur der Sonderfall $n = 2$ davon bewiesen werden; der Satz lautet so:

Satz 1. Gegeben seien die durch

$$f(x_0, x_1, x_2) = 0 \text{ und } g(x_0, x_1, x_2) = 0 \tag{1}$$

definierten algebraischen Kurven k_n^f der Ordnung n und k_m^g der Ordnung m. Dann besitzen k_n^f und k_m^g entweder einen gemeinsamen Kurvenbestandteil und damit unendlich viele gemeinsame Punkte, oder k_n^f und k_m^g haben höchstens $n \cdot m$ gemeinsame Punkte. Sind $P_0^{(1)}, \ldots, P_0^{(t)}$ diese Punkte, so kann man jedem derselben eine natürliche Zahl r_i, die sog. Schnittvielfachheit von k_n^f und k_m^g in $P_0^{(i)}$, zuordnen derart daß

$$\sum_{i=1}^{t} r_i = n \cdot m \tag{20}$$

gilt.

Beweis: Es seien k_n^f und k_m^g auf solche Koordinaten bezogen, daß der Punkt $A_0(0, 0, 1)$ auf keiner der beiden Kurven liegt. In den ausführlicher geschriebenen und nach Potenzen von x_2 geordneten Gleichungen von k_n^f und k_m^g:

$$\begin{aligned} f = a_0 x_2^n + a_1(x_0, x_1)\, x_2^{n-1} + \cdots + a_{n-1}(x_0, x_1)\, x_2 \\ + a_n(x_0, x_1) = 0 \end{aligned} \tag{3}$$

$$\begin{aligned} g = b_0 x_2^m + b_1(x_0, x_1)\, x_2^{m-1} + \cdots + b_{m-1}(x_0, x_1)\, x_2 \\ + b_m(x_0, x_1) = 0 \end{aligned} \tag{4}$$

sind dann

$$a_0 \neq 0, \; b_0 \neq 0; \tag{5}$$

die übrigen a_1 und b_i sind gleichfalls binäre Formen in x_0, x_1 vom Grad ihrer Indizes. Jetzt bilden wir die Resultante von f und g bezüglich x_2 in der Sylvesterschen Determinantenform:

$$\begin{vmatrix} a_0, & a_1, & \ldots, & a_n, & 0, & \ldots \\ 0, & a_0, & \ldots, & a_{n-1}, & a_n & \\ - & - & - & - & - & \\ b_0, & b_1, & \ldots, & b_m, & 0, & \ldots \\ 0, & b_0, & \ldots, & b_{m-1}, & b_m & \\ - & - & - & - & - & \end{vmatrix} = R^{(2)}(x_0, x_1). \tag{6}$$

Wir wissen weiter gemäß Einleitung A, daß $R^{(2)}$ sich auch als

(7) $$R^{(2)}(x_0, x_1) = \alpha(x_2)\,f + \beta(x_2)\,g$$

schreiben läßt. Hierin sind α und β Polynome in x_2 von einem Grad $\leqq m-1$ bzw. $\leqq n-1$ mit Koeffizienten, die (nicht notwendig homogene) Polynome in x_0, x_1 sind. Ferner wissen wir noch, daß die Summe der Indizes jedes Gliedes der Determinante (6) gleich $m \cdot n$ ist. Hieraus schließen wir, daß $R^{(2)}(x_0, x_1)$ eine binäre Form vom Grade $m \cdot n$ ist, wenn $R^{(2)}$ nicht identisch verschwindet. Wir untersuchen zuerst den Fall, wo

(8) $$R^{(2)}(x_0, x_1) \equiv 0$$

ist. Dann folgt aus (7), daß

(9) $$\alpha(x_2)\,f = -\beta(x_2)\,g$$

ist, und wir schließen: f teilt die rechte Seite von (9); da aber f vom Grade n in x_2 ist und β höchstens den Grad $n-1$ in x_2 besitzt, kann f nicht teilerfremd zu g sein. k_n^f und k_m^g haben mithin bei identisch verschwindender Resultante eine ganze Teilkurve l_h gemein. Wenn umgekehrt k_n^f und k_m^g zerfallen mit gemeinsamem Bestandteil l_h, so wird l_h von jeder Geraden des Büschels mit dem Grundpunkt A_0 in mindestens einem Punkt getroffen. Damit hat $R^{(2)}(x_0, x_1)$ alle (x_0, x_1) als Wurzeln, verschwindet mithin identisch. Wir beschränken uns daher nunmehr auf die Fälle, wo $R^{(2)}(x_0, x_1)$ nicht identisch verschwindet und mithin endlich viele Wurzeln hat. (p_0, p_1) sei eine dieser Wurzeln. Diese führt dann, in (6) und (7) eingesetzt, zu endlich vielen gemeinsamen Wurzeln von $f = 0$ und $g = 0$. Der Punkt $P_0(p_0, p_1, p_2)$ liegt jetzt gleichzeitig auf k_n^f und k_m^g, und sämtliche Schnittpunkte beider Kurven erfaßt man ersichtlich auf diese Weise. Zunächst schließen wir hieraus, daß die Anzahl dieser Punkte endlich ist. Nun bedeutet die Existenz von mehr als einer gemeinsamen Wurzel p_2 von (6) und (7) zu gegebener

Nullstelle (p_0, p_1) der Resultante $R^{(2)}(x_0, x_1)$, daß A_0 auf einer Geraden liegt, die 2 Schnittpunkte von k_n^f und k_m^g verbindet. Dieses Vorkommen vermeiden wir, indem wir nachträglich noch fordern: A_0 soll auf keiner Verbindungsgeraden zweier Schnittpunkte von k_n^f und k_m^g liegen. Dies bedeutet, daß A_0 nicht auf gewissen endlich vielen Geraden liegen darf. Unter dieser Annahme gehört zu jeder Wurzel von $R^{(2)}(x_0, x_1)$ genau ein gemeinsamer Punkt $P_0^{(i)}$ von k_n^f und k_m^g. Da $R^{(2)}(x_0, x_1)$ den Grad $n \cdot m$ hat, ist die Anzahl dieser Punkte auch nicht größer als $n \cdot m$, was im 1. Teil des Satzes behauptet wurde.

Die Schnittpunkte von k_n^f und k_m^g seien:

(10) $$P_0^{(1)}, P_0^{(2)}, \ldots, P_0^{(s)},$$

und $P_0^{(i)}$ gehöre zu einer Wurzel der Vielfachheit r_i von $R^{(2)}(x_0, x_1)$. Dann sagen wir: k_n^f und k_m^g schneiden sich in $P_0^{(i)}$ mit der Vielfachheit r_i. Die Summe aller Vielfachheiten der Punkte (10) beträgt somit $m \cdot n$.

Die im Beweise dieses Satzes erklärten Vielfachheiten der Schnittpunkte von k_n^f und k_m^g hängen ihrer Definition nach scheinbar durchaus von der Lage des Punktes A_0 ab. Es wäre nun etwas mühsam, aus der nicht sehr handlichen Sylvesterschen Determinante (6) rechnerisch die Unabhängigkeit der Vielfachheiten von Punkt A_0 zu beweisen[1]). Wir machen es statt dessen mit Hilfe des folgenden Stetigkeitsschlusses: Wir lassen den Punkt A_0 eine bestimmte Kurve

(11) $$A_0(t) \quad (t_0 \leqq t \leqq t_1)$$

innerhalb der komplexen Ebene P_2 durchlaufen. Dabei sollen alle Punkte (11) die oben definierte „allgemeine Lage“

---

[1]) Vgl. hierzu die koordinatenfreie algebraische Erklärung der Vielfachheiten bei v. d. Waerden (l. c.) oder eine andere Definition mit Hilfe mehrdimensionaler Betrachtungen bei Burau (Mon.-Hefte 56), worauf wir hier aber nicht eingehen können.

hinsichtlich des Durchschnitts von k_n^f und k_m^g besitzen. Jetzt bilden wir für jeden Punkt $A_0(t)$ als Punkt (0, 0, 1) eines Koordinatensystems die Resultante $R^{(2)}$. Diese Resultanten definieren, gleich 0 gesetzt, Kurven vom Grade $n \cdot m$, die in lauter Geraden je durch $A_0(t)$ zerfallen. Diese Geraden verbinden je $A_0(t)$ mit den Punkten (10), wobei jede Gerade mit der aus der Resultante folgenden Vielfachheit

(12) $\qquad r_i(t) \; (i = 1, 2, \ldots, s)$ mit $r_i(t) = n \cdot m$

zu zählen ist. Die Resultanten und damit auch die aus ihnen berechneten Zahlen $r_i(t)$ hängen nun stetig von t ab, d. h. die $r_i(t)$ bleiben als ganze Zahlen konstant.

Anwendungen dieses Satzes gibt es schon in der Kegelschnittlehre. So wissen wir hiernach, daß 2 nicht zerfallende Kegelschnitte höchstens 4 Punkte gemein haben können. Sind es genau 4 Punkte, so müssen diese alle die Schnittvielfachheit 1 haben. Man kennt aber zahlreiche Beispiele dafür, wo 2 Kegelschnitte nur 3, 2 oder 1 Schnittpunkt besitzen. Die Summe der Schnittvielfachheiten ist dann stets gleich 4. Wir erwähnen nur den Fall, wo die Kegelschnitte nur einen Punkt gemein haben, wie etwa die Ellipse mit ihrem Krümmungskreis in einem Scheitelpunkt. Dieser einzige Schnittpunkt besitzt dann die Vielfachheit 4.

Im allgemeinen ist die Berechnung der Schnittvielfachheiten nach dem im Satz 1 angegebenen Verfahren mit Hilfe der Resultante recht umständlich. Doch gelingt es verhältnismäßig einfach, folgenden für weitere Anwendungen gut brauchbaren Satz auf der Grundlage von Satz 1 zu beweisen.

Satz 2. Die beiden Kurven k_n^f und k_m^g ohne gemeinsame Bestandteile mögen den Punkt S_0 gemein haben, wobei S_0 für k_n^f die Vielfachheit s und für k_m^g die Vielfachheit t haben soll. Ferner werde vorausgesetzt, daß die Tangenten an k_n^f in S_0 von denen an k_m^f in S_0 verschieden sind. Dann zählt S_0 unter den Schnittpunkten von k_n^f und k_m^g genau mit der Vielfachheit $s \cdot t$.

Beweis: Der zu betrachtende Punkt S_0 sei (1, 0, 0); A_0 sei ein Punkt von allgemeiner Lage bezüglich des Durchschnitts von k_n^f und k_m^g. Außerdem soll A_0 auf keiner der Tangenten liegen, die im Punkte S_0 an k_n^f und k_m^g erklärt sind. Es sei A_0 der Punkt (0, 0, 1) unseres Koordinatensystems. Dann folgt aus unseren Voraussetzungen zunächst: In f kommt x_0 in keiner höheren Potenz als der n—s-ten und in g in keiner höheren als der m—t-ten vor. Wieder wollen wir die Resultante bezüglich A_0 bilden und ordnen daher f und g nach Potenzen von x_2 mit Koeffizienten a_i und b_j, die Formen in x_0, x_1 vom Indexgrad sind. Da nun x_0 nur bis zum Grade $n-s$ bzw. $m-t$ auftritt, muß $a_p(x_0, x_1)$ bei $p > n-s$ einen Faktor x_1^{p-n+s} und $b_q(x_0, x_1)$ bei $q > n-t$ einen solchen x_1^{q-m+t} abspalten. Demnach können wir

$$(13)\qquad a_{n-s} = a_{n-s}^{(0)},\ a_{n-s+1} = x_1 a_{n-s}^{(1)}, \ldots, a_n = x_1^s a_{n-s}^{(s)}$$

$$(14)\qquad b_{m-t} = b_{m-t}^{(0)},\ b_{m-t+1} = x_1 b_{m-t}^{(1)}, \ldots, a_m = x_1^t b_{m-t}^{(t)}$$

setzen, worin die $a_{n-s}^{(i)}$ und $b_{m-t}^{(j)}$ wieder Formen in x_0, x_1 vom Grad $n-s$ bzw. $n-t$ sind. Weiterhin werden die Zahlen $\tilde{a}_i$ und $\tilde{b}_j$ durch

$$(15)\qquad \tilde{a}_i = a_i(1, 0),\ \tilde{a}_{n-s}^{(\mu)} = a_{n-s}^{(\mu)}(1, 0)$$

$$(16)\qquad \tilde{b}_j = b_j(1, 0),\ \tilde{b}_{m-t}^{(\nu)} = b_{m-t}^{(\nu)}(1, 0)$$

definiert. Die vorausgesetzte Verschiedenheit der Tangenten in S_0 an k_n^f von denen an k_m^g bedeutet nun algebraisch: Die Formen $\alpha_s(x_1, x_2)$ und $\beta_t(x_1, x_2)$, die als Faktoren von x_0^{n-s} in f bzw. von x_0^{m-t} in g auftreten, haben keine gemeinsamen Wurzeln. Nun schreibt sich offenbar mit Hilfe der Bezeichnungen (13) bis (16):

$$(17)\qquad \alpha_s(x_1, x_2) = \tilde{a}_{n-s}^{(0)} x_2^s + \tilde{a}_{n-s}^{(1)} x_1 x_2^{s-1} + \cdots + \tilde{a}_{n-s}^{(s)} x_1^s$$

$$(18)\qquad \beta_t(x_1, x_2) = \tilde{b}_{m-t}^{(0)} x_2^t + \tilde{b}_{m-t}^{(1)} x_1 x_2^{t-1} + \cdots + \tilde{b}_{m-t}^{(t)} x_1^t.$$

Die vorausgesetzte Verschiedenheit der Tangenten in S_0 bedeutet also, daß die Resultante von (17) und (18) nicht verschwindet, also

$$(19)\qquad \begin{vmatrix} \tilde{a}^{(0)}_{n-s}, & \tilde{a}^{(1)}_{n-s}, \ldots, & \tilde{a}^{(s)}_{n-s}, & & 0, \ldots, 0 \\ 0, & \tilde{a}^{(0)}_{n-s}, \ldots, & \tilde{a}^{(s-1)}_{n-s}, & \tilde{a}^{(s)}_{n-s}, & \ldots, 0 \\ \cdot & \cdot & \cdot & \cdot & \cdot \\ \tilde{b}^{(0)}_{m-t}, & \tilde{b}^{(1)}_{m-t}, \ldots, & \tilde{b}^{(t)}_{m-t}, & & 0, \ldots, 0 \\ 0, & \tilde{b}^{(0)}_{m-t}, \ldots, & \tilde{b}^{(t-1)}_{m-t}, & \tilde{b}^{(t)}_{m-t}, & \ldots, 0 \\ \cdot & \cdot & \cdot & \cdot & \cdot \end{vmatrix} \neq 0$$

gilt. Außerdem sollte die Verbindungsgerade $x_1 = 0$ von S_0 und A_0 außer S_0 keinen weiteren gemeinsamen Punkt beider Kurven enthalten. Das bedeutet: Setzt man $x_1 = 0$ in f und g ein und spaltet je die Faktoren x_2^s und x_2^t ab, so dürfen die übrigbleibenden Formen $n - s$-ten bzw. $m - t$-ten Grades keine gemeinsamen Wurzeln mehr haben. Dies ist aber zu der Resultantenbedingung:

$$(20)\qquad \begin{vmatrix} \tilde{a}_0, & \tilde{a}_1, & \ldots, & \tilde{a}_{n-s}, & 0, \ldots, 0 \\ 0, & \tilde{a}_0, & \ldots, & & \tilde{a}_{n-s}, \ldots, 0 \\ - & - & - & - & - \\ \tilde{b}_0, & \tilde{b}_1, & \ldots, & \tilde{b}_{m-t}, & 0, \ldots, 0 \\ 0, & \tilde{b}_0, & \ldots, & & \tilde{b}_{m-t}, \quad 0 \\ - & - & - & - & - \end{vmatrix} \neq 0$$

gleichwertig. Wir haben jetzt zu zeigen: Die in der Determinantenform (6) gegebene Resultante $R^{(2)}(x_0, x_1)$ besitzt die Wurzel $(1, 0)$ genau in der Vielfachheit $s \cdot t$, d. h. es ist

$$(21)\qquad R^{(2)}(x_0, x_1) = C_{st}\, x_1^{st}\, x_0^{mn-st} + C_{st+1}\, x_1^{st+1}\, x_0^{mn-st-1} + \cdots + C_{mn}\, x_0^{mn}$$

mit $C_{st} \neq 0$. Zum Beweis hierfür liegt es nahe, die Determinante (6) nach den Spalten mit den Nummern

$1, \ldots, n-s+1, \ldots, n+m-s-t$ zu entwickeln. Bei dieser Entwicklung tritt insbesondere ein Produkt folgender Determinanten

$$
\begin{vmatrix}
a_0, a_1, \ldots, & a^{(0)}_{n-s}, & x_1 a^{(1)}_{n-s}, \ldots, 0 \\
0, a_0, \ldots, a_{n-s-1}, & & a^{(0)}_{n-s}, \ldots, 0 \\
\cdot \quad \cdot \quad \cdot & \cdot \quad \cdot \quad \cdot & \cdot \quad \cdot \quad \cdot \\
b_0, b_1, \ldots, & b^{(0)}_{m-t}, & x_1 b^{(1)}_{m-t}, \ldots, 0 \\
0, b_0, \ldots, b_{m-t-1}, & & b^{(0)}_{m-t}, \ldots, 0 \\
\cdot \quad \cdot \quad \cdot & \cdot \quad \cdot \quad \cdot & \cdot \quad \cdot \quad \cdot
\end{vmatrix}
\tag{22}
$$

$$
\begin{vmatrix}
a^{(0)}_{n-s}, & x_1 a^{(1)}_{n-s}, & \ldots, & x_1^s a^{(s)}_{n-s}, & & 0, \ldots, 0 \\
a_{n-s-1}, & a^{(0)}_{n-s}, & \ldots, & x_1^{s-1} a^{(s-1)}_{n-s}, & x_1^s a^{(s)}_{n-s}, & \ldots, 0 \\
\cdot & \cdot & \cdot & \cdot & \cdot & \cdot \\
b^{(0)}_{m-t}, & x_1 b^{(1)}_{m-t}, & \ldots, & x_1^t b^{(t)}_{m-t}, & & 0, \ldots, 0 \\
b_{m-t-1}, & b^{(0)}_{m-t}, & \ldots, & x_1^{t-1} b^{(t-1)}_{m-t}, & x_1^t b^{(t)}_{m-t}, & \ldots, 0 \\
\cdot & \cdot & \cdot & \cdot & \cdot & \cdot
\end{vmatrix}
$$

auf. Die beiden Determinanten hiervon seien $C(x_0, x_1)$ und $D(x_0, x_1)$. Es ist dann ersichtlich $C(1, 0)$ gleich der linken Seite von (19), verschwindet also nicht. Wir sind mithin fertig, wenn wir folgendes bewiesen haben:

a) Es ist

$$
\begin{aligned}
D(x_0, x_1) &= D_0 x_1^{st} x_0^{nt+ms-2st} \\
&\quad + D_1 x_1^{st+1} x_0^{nt+ms-2st-1} + \cdots,
\end{aligned}
\tag{23}
$$

wobei D_0 mit der linken Seite von (18) übereinstimmt, also nicht verschwindet.

b) Alle übrigen Glieder unserer Laplace-Entwicklung von (6) haben höheren Grad als $s \cdot t$ in x_1. Zum Beweis von a) bemerken wir zunächst, daß das Diagonalglied der zweiten Determinante in (22) lautet:

$$
(a^{(0)}_{n-s})^t \cdot x_1^{st} (b^{(t)}_{m-t})^s ,
$$

also gewiß x_1^{st} abspaltet. Ein beliebiges anderes Glied dieser Determinante entsteht nun aus dem Diagonalglied durch Verschiebung der Matrizenglieder innerhalb ihrer Zeilen. Diese Verschiebung deuten wir durch

$$(i_1, \ldots, i_t, j_1, \ldots, j_s)$$

an, wobei die i und j ganze Zahlen mit

$$i_1 + \cdots + i_t + j_1 + \cdots + j_s = 0 \tag{24}$$

sind und positive oder negative Zahlen entsprechende Verschiebungen nach rechts oder links von der Hauptdiagonale bedeuten. Ein Blick auf die zweite Matrix in (22) lehrt nun:

1. Wir können $j_\mu \leqq 0$ voraussetzen,
2. Bei

$$\begin{aligned} -t \leqq j_\mu \leqq 0 \text{ für alle } \mu \text{ mit } 1 \leqq \mu \leqq s \\ \text{und } 0 \leqq i_\nu \leqq s \text{ für alle } \nu \text{ mit } 1 \leqq \nu \leqq t, \end{aligned} \tag{25}$$

spaltet das entsprechende Determinantenglied wegen (23) den Faktor x_1^{st} ab. Gilt auch nur für ein μ aus der Reihe $1, \ldots, s$ oder ein ν aus der Reihe $1, \ldots, t$:

$$j_\mu < -t \text{ oder } i_\nu > s, \tag{26}$$

so spaltet das betreffende Determinantenglied gewiß eine Potenz x_1^r mit $r > st$ ab. Demnach hat $D(x_0, x_1)$ insgesamt den Faktor x_1^{rs}, und bei der Berechnung des Koeffizienten D_0 in (23) aus der zweiten Determinante in (22) kann man von vornherein

$$\begin{aligned} a_{n-s-1} = \cdots a_0 = 0 \\ b_{m-t-1} = \cdots b_0 = 0 \end{aligned}$$

setzen. Damit ist Punkt a) bewiesen. Zum Beweis von Punkt b) beachten wir folgendes: Ein Glied einer $s+t$-reihigen Determinante aus den letzten $s+t$ Spalten der Matrix (6) erhält man aus einem Glied der Determinante $D(x_0, x_1)$ durch Verschieben gewisser Elemente innerhalb ihrer Spalten in gewisse Zeilen außerhalb der Matrix Δ, aus der $D(x_0, x_1)$ berechnet wird. Ein Blick in die Matrix (6) lehrt nun: Bei Verschiebung eines a-Gliedes von Δ aus seiner Zeile in eine a-Zeile außerhalb von Δ (der Ausdruck a-Zeile dürfte klar sein) wird die abzuspaltende x_1-Potenz höher; das gleiche gilt bei Verschieben eines b-Gliedes von Δ in eine b-Zeile außerhalb von Δ. Es ist nur noch zu zeigen, daß die gleiche Wirkung eintritt bei Verschiebung eines b-Gliedes von Δ in eine a-Zeile außerhalb von Δ oder eines a-Gliedes von Δ in eine b-Zeile außerhalb von Δ. Wir zeigen dies für die erste Verschiebungsmöglichkeit — für die zweite geht es dann analog. In der Zeile $\sigma(1 \leqq \sigma \leqq s)$ und Spalte $n + r + 1 - \sigma$ liegt nun das Element b_r der Matrix (6); bei

$$r \geqq m - t, \tag{27}$$

worauf wir uns offenbar beschränken können, ist

$$b_r = x_1^{r+t-m}\, b_{m-t}^{(r+t-m)}. \tag{28}$$

In der gleichen Spalte $n + r + 1 - \sigma$, aber a-Zeile mit der Nummer $n + t + \varrho (\varrho \geqq 1)$ liegt das Element

$$a_{n+r-\sigma-m+t+\varrho} \text{ bzw. } 0 \text{ bei}$$

$$r - \sigma - m + t + \varrho \geqq 1.$$

Es interessieren natürlich nur solche Fälle, wo dies Element nicht notwendig verschwindet, d. h.

$$r + t - m \geqq 1 + \sigma - \varrho \tag{29}$$

gilt. Dann ist

$$\begin{aligned} &a_{n+r-\sigma-m+t+\varrho} \\ &= x_1^{r+t-m+(s-\sigma+\varrho)}\, a_{n-s}^{(s-\sigma+r-m+t+\varrho)}; \end{aligned} \tag{30}$$

ein Vergleich zwischen (28) und (30) und Berücksichtigung von $s \geqq \sigma$ und $\varrho \geqq 1$ zeigt, daß die herauszuziehende x_1-Potenz bei der betrachteten Verschiebung gewiß größer geworden ist.

Einige Spezialfälle des soeben bewiesenen Satzes seien wegen ihrer Wichtigkeit noch besonders erwähnt:

a) Ist der Schnittpunkt S_0 von k_n^f und k_m^g für k_n^f singulär von der Vielfachheit $s \geqq 2$, aber für k_m^g regulär ($t = 1$), wobei die Tangente an k_m^g in S_0 verschieden ist von den Tangenten des singulären Punktes S_0 von k_n^f, so ist die Schnittvielfachheit in S_0 gleich s. Speziell:

b) Schneiden sich k_n^f und k_m^g in dem für beide regulären Punkt S_0 und sind die Tangenten in S_0 voneinander verschieden, so ist die Schnittvielfachheit in S_0 gleich 1.

Wenn man nicht mehr verlangt, daß die Tangenten beider Kurven im gemeinsamen Punkt voneinander verschieden sind, so kann man wenigstens die Schnittvielfachheit nach unten abschätzen. Es gilt der

Satz 3. Die Schnittvielfachheit in einem gemeinsamen Punkt S_0 der beiden Kurven k_n^f und k_m^g, der für k_n^f und k_m^g je die Vielfachheit s und t hat, beträgt mindestens $s \cdot t$. Ist sie genau gleich $s \cdot t$, so sind die Tangenten an k_n^f in S_0 von denen an k_m^g in S_0 gewiß verschieden.

Beweis: Wir wählen die gleichen Koordinaten wie beim Beweis von Satz 2. Dort wurde schon gezeigt, daß alle $s + t$-reihigen Unterdeterminanten, die man aus den $s + t$ letzten Spalten der Resultantenmatrix (6) bilden kann, durch x_1^{st} teilbar sind. Demnach ist der erste Teil des vorliegenden Satzes schon bewiesen. Der Koeffizient C_{st} von x_1^{st} in der Entwicklung der Resultante $R(x_0, x_1)$ nach Potenzen von x_1 ist nun bis auf das Vorzeichen das Produkt der beiden auf den linken Seiten von (19) und (20) stehenden Resultanten. Bei $C_{st} \neq 0$ gilt also (19) und (20). Aus (19) schließen wir dann, daß die Tangenten an die eine Kurve von denen an die andere im gemeinsamen Punkt S_0 verschieden sein müssen.

§ 14. Ordnung und Klasse ebener algebraischer Kurven und erste Gruppe von Plückerformeln

Für ebene algebraische Kurven, die nur gewöhnliche Singularitäten besitzen, hat Plücker eine Formel angegeben, die es gestattet, die Klasse derselben zu berechnen, wenn die

Ordnung und die Zahl der Doppelpunkte und Spitzen gegeben sind. Diese Formel und ihr duales Gegenstück sollen hier abgeleitet werden. Zuvor machen wir dazu folgende Überlegungen:

Gegeben sei eine nicht zerfallende Kurve k_n der Ordnung n $(n > 1)$. Die mit der Ordnungs-k_n verbundene $\hat{k}_m$ besteht dann aus der Gesamtheit der Tangenten an k_n in allen regulären und singulären Punkten. P_0 sei jetzt ein Punkt der Ebene, der weder auf k_n noch auf einer der Tangenten in einem der singulären Punkte von k_n liege, sofern k_n überhaupt Singularitäten besitzt. Wir sagen kurz dafür: P_0 habe allgemeine Lage zu k_n. Dann betrachten wir die Gesamtheit der Schnittpunkte:

(1) $$k_n \cap k_{n-1}(P_0),$$

wobei $k_{n-1}(P_0)$ wieder die Polare von P_0 bezüglich k_n bezeichne. Diese Punkte (1) seien

(2) $$F_0^{(1)}, \ldots, F_0^{(p)}, S_0^{(1)}, \ldots, S_0^{(q)},$$

wobei die $S_0^{(j)}$ die singulären Punkte von k_n sind; diese gehören ja, wie wir wissen, zur Menge (1). Nach dem Bézoutschen Satz ist dann

(3) $$\begin{aligned} n(n-1) = \sigma(F_0^{(1)}) + \cdots + \sigma(F_0^{(p)}) \\ + \sigma(S_0^{(1)}) + \cdots + \sigma(S_0^{(q)}), \end{aligned}$$

wobei $\sigma(F_0^{(i)})$ und $\sigma(S_0^{(j)})$ die Vielfachheiten bezeichnen, in der die Punkte (2) in der Menge (1) auftreten. Zufolge der als allgemein vorausgesetzten Lage von P_0 sind nur die Geraden

(4) $$F_1^{(i)} = P_0 \cup F_0^{(i)} \quad (i = 1, \ldots, p),$$

nicht aber die Verbindungsgeraden $P_0 \cup S^{(j)}$ Tangenten, d. h. Geraden von $\hat{k}_m$. Als Klasse m von k_n ergibt sich dann die Zahl

(5) $$m = \sigma(F_0^{(1)}) + \cdots + \sigma(F_0^{(p)}).$$

Die Geraden (4) brauchen nicht alle voneinander verschieden zu sein, da mehrere der Punkte $F_0^{(i)}$ mit P_0 kollinear liegen können. Auf der Geraden $F_1^{(1)}$ z. B. mögen die Punkte $F_0^{(1)}, \ldots, F_0^{(t)}$ der Menge (2) insgesamt liegen. Dann ist die Vielfachheit $\varrho(F_1^{(1)})$, mit der $F_1^{(1)}$ in der Gesamtheit aller P_0 enthaltenden Tangenten von k_n zählt, als

$$(6) \qquad \varrho(F_1^{(1)}) = \varrho(F_0^{(1)}) + \cdots + \varrho(F_0^{(t)})$$

zu erklären. Die Summe der Vielfachheiten aller von P_0 aus an die k_n zu legenden Tangenten ist danach, wie es sein soll, gemäß (5) gleich m. Ist k_n singularitätenfrei, d. h. gibt es die Punkte $S_0^{(j)}$ gar nicht, so folgt aus (3) und (5), daß

$$(7) \qquad m = n(n-1)$$

gilt. Bei Vorhandensein von Singularitäten ist diese Zahl (7) noch um die Summe

$$(8) \qquad \sigma(S_0^{(1)}) + \cdots + \sigma(S_0^{(q)})$$

aus (3) zu vermindern. Wie bei der Einführung der Vielfachheiten in § 13 kann man durch eine leichte Stetigkeitsbetrachtung zeigen, daß die $\sigma(S_0^{(j)})$ in (8) für alle allgemeine Lagen von P_0 nicht von P_0 abhängt. Man nennt $\sigma(S_0^{(i)})$ die durch $S_0^{(j)}$ bewirkte Klassenreduktion, und (8) ist die Gesamtreduktion, die die Singularitäten $S_0^{(j)}$ zusammen bewirken. Die erste Plückerformel gibt diese Reduktion für den Fall an, wo die $S_0^{(j)}$ nur Doppelpunkte oder Spitzen sind.

Man kann natürlich auch für die bisher ausgeschlossenen Lagen von P_0 die Vielfachheit erklären, mit der eine Tangente, die P_0 enthält, zu zählen ist. Ist P_0 z. B. ein einfacher Punkt von k_n, so gehört P_0 selber zur Menge der Punkte $F_0^{(i)}$ in (2); es sei $P_0 = F_0^{(1)}$, und die Tangente T_1 des Punktes $F_0^{(1)}$ berühre k_n insgesamt in den regulären Punkten $F_0^{(1)}, \ldots, F_0^{(t)}$ $(t \geqq 1)$, aber in keinem singulären Punkt. Dann ist (6) die Vielfachheit, mit der T_1 unter der Menge aller Tangenten zu zählen ist, die $F_0^{(1)}$ enthalten ($P_0 = F_0^{(1)}$ in (1) gesetzt). Ist die Gerade $T_1 > P_0$ Tangente an die t regulären Punkte $F_0^{(1)}, \ldots, F_0^{(t)}$ $(t \geqq 0)$ und die r singulären Punkte

(9) $$S_0^{(1)}, \ldots, S_0^{(r)} \quad (r \geqq 1),$$

so sind die Vielfachheiten

$$\sigma'(S_0^{(i)}) \quad (i = 1, \ldots, r),$$

mit denen jetzt die Punkte

$$S_0^{(1)}, \ldots, S_0^{(r)}$$

in der Menge (1) zu rechnen sind, größer als die vorhin definierten Klassenreduktionen $\sigma(S_0^{(i)})$, die die Punkte (9) bewirken. Man hat dann durch

(10) $$\sigma(F_0^{(1)}) + \cdots + \sigma(F_0^{(t)}) + \sigma'(S_0^{(1)}) - \sigma(S_0^{(1)}) + \cdots + \sigma'(S_0^{(r)}) - \sigma(S_0^{(r)})$$

die Vielfachheit zu berechnen, mit der T_1 unter den Tangenten durch P_0 vorkommt.

Die Vielfachheit, die einer Geraden $T_1 < \hat{k}_m$ schlechthin zukommt, ist dann natürlich das Minimum unter allen Vielfachheiten, die T_1 bezüglich seiner Punkte besitzt.

In den folgenden Sätzen wollen wir in Vorbereitung auf die Plückerformel die soeben definierten Tangentenvielfachheiten in einigen einfachen Fällen berechnen.

Satz 1. k_n sei eine nicht zerfallende Kurve n-ter Ordnung mit der Polaren $k_{n-1}(P_0)$ bezüglich des Punktes P_0. Der für k_n einfache Punkt F_0 liege auch auf $k_{n-1}(P_0)$ mit der Schnittvielfachheit $\sigma(F_0)$ als Punkt von (1). Dann liegt P_0 auf der Tangente $T_1(F_0)$ an k_n in F_0. Ferner gilt:

a) Berührt $T_1(F_0)$ die Kurve k_n in F_0 einfach (Vielfachheit 2), so ist

$$\varrho(F_0) = 1 \text{ oder } = 2,$$

je nachdem ob $P_0 \neq F_0$ oder $P_0 = F_0$.

b) Berührt $T_1(F_0)$ die Kurve k_n in höherer Ordnung, so ist

$$\varrho(F_0) \geqq 2.$$

Es gibt ferner genau einen Punkt $P_0' < T_1(F_0)$ derart, daß $k_{n-1}(P_0')$ in F_0 singulär ist.

c) Ist $T_1(F_0)$ eine Tangente, die k_n in F_0 genau in der Vielfachheit 3 berührt (Wendetangente), so gilt

$$\varrho(F_0) = 2 \text{ oder } = 3,$$

je nachdem, ob $P_0 \neq F_0$ oder $P_0 = F_0$.

Beweis: Wir wählen solche Koordinaten, daß der Punkt F_0 zu $(1, 0, 0)$ wird und $T_1(F_0)$ die Gleichung

$$x_2 = 0 \tag{11}$$

hat. Die Gleichung von k_n hierin muß dann die Form:

$$f = a_0 x_2^n + \cdots + a_{n-1}\, x_2 + b_{n-2}\, x_1^2 = 0 \tag{12}$$

haben, worin die Koeffizienten Formen in x_0, x_1 vom Grad ihrer Indizes sind. Es sei genauer:

$$\begin{aligned} a_{n-1} &= \alpha_0 x_1^{n-1} + \alpha_1 x_1^{n-2} x_0 + \cdots + \alpha_{n-1} x_0^{n-1} \\ b_{n-2} &= \beta_0 x_1^{n-2} + \beta_1 x_1^{n-3} x_0 + \cdots + \beta_{n-2} x_0^{n-2}. \end{aligned} \tag{13}$$

Dann muß gelten:

$$\alpha_{n-1} \neq 0, \tag{14}$$

da sonst f in x_0 keinen höheren Grad als $n-2$ hätte und F_0 für k singulär wäre. Wir berechnen jetzt die Polare $k_{n-1}(P_0)$ des Punktes $P_0(p_0, p_1, p_2)$ und finden dabei zunächst, was wir schon wissen: Bei $p_2 \neq 0$ enthält wegen (14) die Gleichung von $k_{n-1}(P_0)$ ein Glied mit x_0^{n-1}, so daß also $F_0 < k_{n-1}(P_0)$ gilt. Wir nehmen daher weiterhin $p_2 = 0$ an. Die Gleichung von $k_{n-1}(P_0)$ lautet dann:

$$v_1 x_2^{n-1} + \cdots + v_{n-1} x_2 + w_{n-2} x_1^2 + 2\, p_1\, b_{n-2} x_1 = 0, \tag{15}$$

wobei gesetzt ist:

$$v_i = p_0 \frac{\partial a_i}{\partial x_0} + p_1 \frac{\partial a_i}{\partial x_1},\; w_{n-2} = p_0 \frac{\partial b_{n-2}}{\partial x_0} + p_1 \frac{\partial b_{n-2}}{\partial x_1}. \tag{15'}$$

Wir wollen jetzt unter den verschiedenen Annahmen des Satzes jeweils die Vielfachheit $\sigma(F_0)$ ausrechnen. Dazu nehmen wir an, der Punkt $A_0(0, 0, 1)$ liege allgemein hinsichtlich des Schnitts von k_n und $k_{n-1}(P_0)$, was gewiß mit der Annahme, daß $x_2 = 0$ die Tangente an k_n in F_0 sein soll, allemal verträglich ist. Damit können wir die Resultante in der Determinantenform (6) von § 13 zur Berechnung von $\sigma(F_0)$ heranziehen. Diese Determinante entwickeln wir nach den letzten beiden Spalten. Die einzigen nicht aus lauter Nullen bestehenden Zeilen dieser Spalten sind

$$(16)\qquad \begin{pmatrix} b_{n-2}x_1^2 & , \ 0 \\ a_{n-1} & , \ b_{n-2}x_1^2 \\ w_{n-2}\,x_1^2 + 2\,p_1\,b_{n-2}\,x_1 & , \ 0 \\ v_{n-1} & , \ w_{n-2}\,x_1^2 + 2\,p_1 b_{n-2}\,x_1 \end{pmatrix}$$

In den einzelnen Fällen werden wir stets feststellen, daß zur Berechnung von $\sigma(F_0)$ nur die Determinante D der Zeilen 2 und 4 aus (16) beiträgt. Wir bemerken vorweg, daß der Kofaktor dieser Determinante in der Entwicklung von $R^{(2)}(x_0, x_1)$ wegen der Annahme über die Lage von A_0 für $x_0 = 1$, $x_1 = 0$ nicht verschwindet. Im einzelnen bedeutet nun die Annahme a), daß in (13)

$$(17)\qquad \beta_{n-2} \neq 0$$

ist. Dann hat D als einzige Determinante aus (16) ein in x_1 lineares Glied, das

$$(18)\qquad 2\,\alpha_{n-1}\,p_1\,\beta_{n-2}\,x_0^{2n-3}\,x_1$$

lautet und, wie zu beweisen, wegen (15) und (17) nur bei

$$(19)\qquad p_1 = 0$$

verschwindet. Es sei jetzt (17) und (19) erfüllt. Dann besitzt D als einzige Determinante aus (16) ein Glied mit x_1^2; dies ist:

$$(20)\qquad (n-2)\,p_0\,\alpha_{n-1}\,\beta_{n-2}\,x_0^{2n-4}\,x_1^2,$$

und es verschwindet nicht, da jetzt wegen (19) natürlich

$p_0 \neq 0$ ist. Hiermit ist der Teil a) des Satzes bewiesen. Liegt eine Berührung höherer Ordnung zwischen $T_1(F_0)$ und k_n in F_0 vor, so muß statt (17):

$$\beta_{n-2} = 0 \tag{21}$$

gelten. Damit verschwindet das in x_1 lineare Glied (18) von D stets, so daß, wie behauptet, $\sigma(F_0) \geqq 2$ ist. Aus (13) und (14) folgt ferner, daß nur für den Punkt

$$P_0(\alpha_{n-2}, -(n-1)\,\alpha_{n-1}, 0) < T_1(F_0)$$

die Glieder mit x_0^{n-2} in (15) verschwinden, also $k_{n-1}(P_0)$ in F_0 singulär ist. Damit ist der Teil b) bewiesen. Die Voraussetzung für den Teil c) ist, daß außer (21) noch

$$\beta_{n-3} \neq 0 \tag{22}$$

gilt. Wiederum liefert jetzt nur die Determinante D aus (16) einen Beitrag zu der jeweils niedrigsten Potenz von x_1. Das Glied mit x_1^2 in D lautet:

$$3\alpha_{n-1} p_1 \beta_{n-3} x_2^{2n-4} x_1^2; \tag{23}$$

es verschwindet nicht bei $p_1 \neq 0$ wegen (15) und (22), wohl aber bei $p_1 = 0$. Dann ist jedoch das Glied mit x_1^3 in D:

$$-2\alpha_{n-1} p_0 \beta_{n-3} x_0^{2n-5} x_1^3, \tag{24}$$

d. h. es verschwindet auch nicht, wenn (15), (22) und $p_0 \neq 0$ gilt.

Satz 2. S_0 sei ein gewöhnlicher s-facher Punkt von $k_n (s > 1)$. Die Schnittvielfachheit von k_n und der Polaren $k_{n-1}(P_0)$ in S_0 ist dann $> s(s-1)$ oder $= s(s-1)$, je nachdem, ob P_0 auf einer Tangente an k_n in S_n liegt oder nicht.

Beweis: Wir nehmen S_0 als Punkt $(1, 0, 0)$ an, so daß k_n durch

$$x_0^{n-s} a_s(x_1, x_2) + \cdots + x_0 a_{n-1}(x_1, x_2) + a_n(x_1, x_2) = 0 \tag{25}$$

beschrieben wird und die Polare $k_{n-1}(P_0)$ des Punktes $P_0(p_0, p_1, p_2)$ die Gleichung

$$x_0^{n-s}\left(p_1 \frac{\partial a_s}{\partial x_1} + p_2 \frac{\partial a_s}{\partial x_2}\right) + (n-s)\, x_0^{n-s-1} p_3 a_s + \cdots = 0 \tag{26}$$

hat. Liegt P_0 auf keiner Tangente von S_0, so ist

$$a_s(p_1, p_2) \neq 0. \tag{27}$$

Aus der Eulerschen Identität:

$$x_1 \frac{\partial a_s}{\partial x_1} + x_2 \frac{\partial a_s}{\partial x_2} = s\, a_s(x_1, x_2) \tag{28}$$

schließen wir zunächst, daß zufolge (27) das Paar (p_1, p_2) auch nicht Nullstelle von $p_1 \frac{\partial a_s}{\partial x_1} + p_2 \frac{\partial a_s}{\partial x_2}$ sein kann. Wir zeigen jetzt, daß auch das von (p_1, p_2) verschiedene Paar (q_1, q_2) nicht gemeinsame Nullstelle von a_s und $p_1 \frac{\partial a_s}{\partial x_1} + p_2 \frac{\partial a_s}{\partial x_2}$ sein kann. Wäre dies der Fall, so würde aus (27) folgen, daß das System

$$q_1 \lambda_1 + q_2 \lambda_2 = 0, \quad p_1 \lambda_1 + p_2 \lambda_2 = 0 \tag{29}$$

die gemeinsame Lösung

$$\lambda_1 = \left(\frac{\partial a_s}{\partial x_1}\right)_{(q_1, q_2)}, \quad \lambda_2 = \left(\frac{\partial a_s}{\partial x_2}\right)_{(q_1, q_2)} \tag{30}$$

besäße. Wegen der wesentlichen Verschiedenheit von (p_1, p_2) und (q_1, q_2) ist nun

$$q_1 p_2 - q_2 p_1 \neq 0, \tag{31}$$

d. h. die Lösung (30) von (29) ist die triviale, also gilt

$$\left(\frac{\partial a_s}{\partial x_1}\right)_{(q_1, q_2)} = \left(\frac{\partial a_s}{\partial x_2}\right)_{(q_1, q_2)} = 0. \tag{32}$$

Dies bedeutet aber entgegen der Voraussetzung, daß (q_1, q_2) Doppelwurzel von a_s ist. Nach diesen Feststellungen ist unser Satz eine Folge von § 13, Satz 2 und 3.

Satz 3. Der Punkt F_0 sei eine Spitze auf k_n. Dann gilt für die Schnittvielfachheit $\sigma(F_0)$ von k_n und die Polare $k_{n-1}(P_0)$ von P_0 bezüglich k_n:

a) $(F_0) = 3$, wenn P_0 nicht auf der Spitzentangente von F_0 liegt,

b) $(F_0) = 4$, wenn P_0 auf der Spitzentangente von F_0 liegt, aber von F_0 verschieden ist,

c) $(F_0) = 6$ bei $P_0 = F_0$.

Beweis: Wir nehmen solche Koordinaten an, daß $F_0 = (1, 0, 0)$ mit $x_2 = 0$ als Spitzentangente ist. In der Gleichung von k_n:

$$f = a_0 x_2^n + \cdots + a_{n-1} x_2 + a_n \tag{33}$$

gilt dann

$$a_{n-1} = b_{n-3} x_1^2, \quad a_n = c_{n-3} x_1^3 \tag{34}$$

$$a_{n-2}(1, 0) \neq 0, \quad c_{n-3}(1, 0) \neq 0. \tag{35}$$

Dies folgt alles unmittelbar, wenn man beachtet, daß 1. f keine Glieder mit x_0^n, x_0^{n-1} enthält, 2. x_0^{n-2} nur in der Verbindung $x_0^{n-2} x_2^2$ auftritt, 3. $x_2 = 0$ in f eingesetzt, zu einer Form mit $x_1 = 0$ als genau dreifacher Wurzel führt. Die Polare $k_{n-1}(P_0)$ für den Punkt $P_0(p_0, p_1, p_2)$ habe die Gleichung

$$g = d_0 x_2^{n-1} + \cdots + d_{n-2} x_2 + d_{n-1} = 0, \tag{36}$$

worin wir nur noch die uns interessierenden Terme d_{n-3}, d_{n-2}, d_{n-1} besonders anmerken:

$$d_{n-3} = p_0 \frac{\partial a_{n-2}}{\partial x_0} + p_1 \frac{\partial a_{n-2}}{\partial x_1} + 2 p_2 \frac{\partial a_{n-3}}{\partial x_2}$$

$$d_{n-2} = \left(p_0 \frac{\partial b_{n-3}}{\partial x_0} + p_1 \frac{\partial b_{n-3}}{\partial x_1}\right) x_1^2 + 2 p_1 b_{n-3} x_1 + 2 p_2 a_{n-2}$$

$$d_{n-1} = \left(p_0 \frac{\partial c_{n-3}}{\partial x_0} + p_1 \frac{\partial c_{n-3}}{\partial x_1}\right) x_1^3 + (3 p_1 c_{n-3} + p_2 b_{n-3}) x_1^2.$$

Wiederum nehmen wir an, der Punkt $A_0(0, 0, 1)$ liege stets allgemein bezüglich des Schnitts von k_n und $k_{n-1}(P_3)$, so daß wir $\sigma(F_0)$ aus der Resultante (3) in § 13 berechnen können. Die uns interessierenden letzten 4 Spalten der Resultantenmatrix sind

$$(38) \qquad \begin{vmatrix} a_n, & 0, & 0, & 0 \\ a_{n-1}, & a_n, & 0, & 0 \\ a_{n-2}, & a_{n-1}, & a_n, & 0 \\ a_{n-3}, & \underline{a_{n-2}}, & \underline{a_{n-1}}, & \underline{a_n} \\ d_n, & 0, & 0, & 0 \\ d_{n-1}, & d_n, & 0, & 0 \\ d_{n-2}, & \underline{d_{n-1}}, & d_n, & 0 \\ d_{n-3}, & \underline{d_{n-2}}, & \underline{d_{n-1}}, & \underline{d_n} \end{vmatrix}.$$

Zunächst liege Fall a) vor, d. h. es sei

$$(39) \qquad p_2 \neq 0.$$

Dann entnehmen wir aus (36) (37), daß die höchste in (36) auftretende x_0-Potenz lautet:

$$(40) \qquad 2p_2 a_{n-2}(1, 0)\, x_0^{n-2} x_2.$$

Zufolge (35) und (39) verschwindet (40) nicht. F_0 ist daher für $k_{n-1}(P_0)$ regulär mit $x_2 = 0$ als Tangente. Zur Feststellung von $\sigma(F_0)$ ist die Resultante nach den 3 letzten Spalten zu entwickeln. Dabei ist die Determinante der unterstrichenen Glieder in (38) als einzige durch keine höhere Potenz als x_1^3 teilbar, und zwar kommt x_1^3 darin in der Verbindung

$$(41) \qquad 4p_2^2 x_1^3 x_0^{2n-5}\, c_{n-3}(1, 0)\, a_{n-2}^2(1, 0)$$

vor, die zufolge (35) und (39) nicht verschwindet. Nunmehr sei

$$(42) \qquad p_2 = 0.$$

Dann verschwinden in (35) alle Glieder mit x_0^{n-1}, x_0^{n-2}, und die Glieder mit x_0^{n-3} sind

$$(43)\qquad x_0^{n-3}\left[p_0\left(\frac{\partial a_{n-2}}{\partial x_0}\right)_{(1,0)} x_2^2 + 2p_1 b_{n-3}(1,0)x_1x_2 + 3c_{n-3}(1,0)p_1x_1^2\right].$$

Diese können jedoch wegen (34), auch bei $p_1 = 0$, nicht alle verschwinden, so daß $k_{n-1}(P_0)$ für jeden Punkt P_0 auf der Spitzentangente in F_0 singulär von der Vielfachheit 2 ist. Die Resultante ist jetzt nach den letzten 4 Spalten zu entwickeln, und wegen der aus (42) und (37) sichtbaren Teilbarkeiten

$$(44)\qquad x_1 \mid d_{n-2},\ x_1^2 \mid d_{n-1},\ x_1^2 \mid a_{n-1},\ x_1^3 \mid a_n$$

sieht man, daß alle aus (38) zu bildenden Determinantenglieder durch x_1^5 teilbar sind mit Ausnahme von $a_{n-2}^2 d_{n-1}^2$, bei dem die niedrigste x_1-Potenz in der Verbindung

$$(45)\qquad q a_{n-2}^2(1,0)\, c_{n-3}^2(1,0) p_1 x_1^4 x_0^{4n-6}$$

auftritt, was wegen (35) bei $p_1 \neq 0$ nicht verschwindet. Schließlich liege der Fall c) vor:

$$(46)\qquad p_0 = 1,\ p_1 = p_2 = 0.$$

Dann gilt

$$(47)\qquad x_1^2 \mid d_{n-2},\ x_1^3 \mid d_{n-1},$$

und die Determinantenglieder von (38) sind alle durch x_1^7 teilbar mit Ausnahme von $a_{n-2}^2 d_{n-2}^2$, bei dem die niedrigste x_1-Potenz in der Verbindung:

$$(48)\qquad \left(\frac{\partial c_{n-3}}{\partial x_0}\right)_{(1,0)}^2 a_{n-2}(1,0)\, x_1^6 x_0^{4n-8}$$

auftritt und wegen (35) gleichfalls nicht verschwindet. Damit ist der Satz aber vollständig bewiesen.

In den beiden soeben bewiesenen Sätzen ist gleichzeitig enthalten, daß die zu Beginn dieses Abschnittes definierte Klassenreduktion für jeden Doppelpunkt 2 und für jede Spitze 3 ist. Daraus folgt aber sofort die erste Plückerformel:

Satz 3: Gegeben sei eine irreduzible algebraische Kurve k_n der Ordnung n, die höchstens gewöhnliche singuläre Punkte besitzt, und zwar d Doppelpunkte und s Spitzen. Dann berechnet sich die Klasse m von k_n durch die Formel

(49) $$m = n(n-1) - 2d - 3s \quad \text{(1. Plückerformel)}.$$

Durch Dualisierung dieses Satzes ergibt sich eine Formel, mit der man die Ordnung n einer Kurve der Klasse m berechnet, die nur einfache Liniensingularitäten besitzt. Diese einfachen Liniensingularitäten konnten wir zu Beginn dieses Abschnitts leicht definieren. Doch sind sie von dieser Definition aus weniger leicht anschaulich zu erfassen. Wir wissen jedoch jetzt auf Grund der soeben bewiesenen Sätze: Doppeltangenten sind z. B. alle Geraden, welche die Kurve in 2 verschiedenen Punkten je einfach berühren; eine gewöhnliche Wendetangente T_1, d. h. Gerade, die k_n im einfachen Punkte A_0 mit Vielfachheit 3 und sonst nicht weiter berührt, ist das duale Analogon zur Spitze, und der Punkt A_0 steht dabei der Spitzentangente dual gegenüber. Eine Spitzentangente, die in keinem weiteren Punkt berührt, ist demnach keine Liniensingularität, was auch aus Satz 3 folgt. Diese Tatsache ist aus der Anschauung nicht so ohne weiteres zu entnehmen. Demnach ist eine Gerade, die in 2 verschiedenen Punkten Spitzentangente ist und die Kurve sonst nicht berührt, gewöhnliche Doppeltangente und nicht als höhere Liniensingularität aufzufassen. Das duale Gegenstück zu Satz 3 lautet jetzt:

Satz 4. Gegeben sei eine irreduzible algebraische Kurve k_m der Klasse m, die höchstens gewöhnliche Liniensingularitäten besitzt, und zwar δ Doppeltangenten und σ Wendetangenten. Dann berechnet sich die Ordnung n von k_m durch die Formel:

(50) $$n = m(m-1) - 2\delta - 3\sigma .$$

§ 15. Zweige einer ebenen algebraischen Kurve und Beispiele höherer Singularitäten

Bisher haben wir stets mit der Gleichung einer algebraischen Kurve als ganzer operiert und nur bei den rationalen Kubiken auch die dort vorhandene rationale Parameterdarstellung herangezogen. Solche Parameterdarstellungen sind jedoch in dieser elementaren Art nur bei einer speziellen Klasse, der der rationalen Kurven, möglich; diese sollen uns später noch etwas beschäftigen (§ 20). In diesem Abschnitt wollen wir uns mit Parameterdarstellungen befassen, die im allgemeinen nur für ein gewisses Stück der Kurven gelten werden.

Der äußere Eindruck des reellen Zugs einer Kurve in der Nähe eines Doppelpunktes S_0 ist der von 2 Kurvenstücken, die S_0 gemein haben. Als Näherungskurve kann man die beiden Doppelpunktstangenten in S_0 betrachten. Bereits frühzeitig ersetzte man auf solche Weise Kurven in der Nähe eines singulären Punktes durch einfachere, die sich leichter überblicken lassen. Diese und ähnliche Dinge konnte man jedoch erst im 19. Jahrhundert auf dem Boden der inzwischen entstandenen Funktionentheorie verstehen. Auf die tieferen Zusammenhänge unseres Gegenstandes mit der Funktionentheorie kann hier jedoch nicht eingegangen werden. Es sei nur erwähnt, daß man als Modell der Gesamtheit der Punkte einer algebraischen Kurve über dem komplexen Zahlkörper auch eine sog. Riemannsche Fläche nehmen kann. Diese Riemannsche Fläche wiederum wird in der Gesamtheit ihrer lokalen „Funktionselemente", d. h. „Reihenentwicklungen" im kleinen erfaßt (vgl. Knopp, Funktionentheorie I, II, Slg. Göschen Bd. 668 u. 703). Mit solchen Reihenentwicklungen werden wir es auch im folgenden zu tun haben. In der für die algebraische Kurventheorie geeigneten Form stammen sie von Puiseux (1851), nach dem sie auch benannt werden. In der modernen algebraischen Begründung der Lehre von den algebraischen Kurven erfaßt man die lokalen Reihenentwicklungen von der Theorie der Bewertungen und Stellenringe aus; doch können wir hierauf gleichfalls nicht näher eingehen. Im folgenden benutzen wir nur wenige Tatsachen über Reihen im Komplexen. Ferner werde mit affinen Koordinaten gearbeitet, was für die vorliegenden Untersuchungen günstiger ist.

Die Kurve k_n möge im Ursprung 0 eines affinen Koordinatensystems einen regulären Punkt besitzen mit einer von der y-Achse verschiedenenen Tangente. Dann hat k_n eine Gleichung

$$f = \alpha_1 x + \alpha_2 y + \beta_1 x^2 + \beta_2 xy + \beta_3 y^2 + \cdots = 0, \tag{1}$$

wobei

$$\alpha_2 = \frac{\partial f}{\partial y}(0, 0) \neq 0 \tag{2}$$

ist. Dann gibt es nach dem Satz über implizite Funktionen eine Funktion

$$y = \varphi(x) \text{ mit } 0 = \varphi(0), \tag{3}$$

die in einer gewissen Umgebung von $x = 0$ regulär ist und dort die Identität

$$f(x, \varphi(x)) \equiv 0 \tag{4}$$

erfüllt. $\varphi(x)$ besitzt in dieser Umgebung ferner eine Potenzreihenentwicklung

$$y = C_1 x + C_2 x^2 + \cdots = \varphi(x), \tag{5}$$

und diese läßt sich auch dadurch gewinnen, daß man (5) formal ansetzt und die C_i der Reihe nach so bestimmt, daß (4) erfüllt ist. Dies führt auf die Bedingungen:

$$C_1\alpha_2 + \alpha_1 = 0, \quad C_2\alpha_2 + \beta_1 + C_1\beta_2 + C_1^2\beta_3 = 0, \ldots, \tag{6}$$

und wegen (2) lassen sich hieraus die $C_1, C_2, \ldots$ eindeutig bestimmen. Man sagt nun: Durch (5) wird im Konvergenzgebiet der Reihe eine Teilmenge von Punkten aus k_n definiert, die man „linearer Zweig mit dem Ursprung 0“ nennt. Hierbei ist die scheinbare Auszeichnung der Veränderlichen x vor y ganz unwesentlich. Sie läßt sich dadurch beseitigen, daß man durch die in einer gewissen Umgebung des Nullpunkts der komplexen t-Ebene konvergente Entwicklung

$$x = A_1 t + A_2 t^2 + \cdots \qquad (A_1 \neq 0) \tag{7}$$

den Parameter t einführt. Durch Einsetzen von (7) in (5) entstehe:

$$y = B_1 t + B_2 t^2 + \cdots \tag{8}$$

Man sagt daher allgemein: Die Potenzreihen:

$$x = a + A_1 t + A_2 t^2 + \cdots, \; y = b + B_1 t + b_2 t^2 + \cdots \tag{9}$$

mit gemeinsamem Konvergenzbereich, die die Gleichung von k_n identisch erfüllen, definieren einen linearen Zweig auf k_n mit dem Ursprung (a, b), wenn A_1 und B_1 nicht gleichzeitig verschwinden. Die Gerade:

$$x = a + A_1 t, \; y = b + B_1 t \tag{10}$$

heißt die Tangente des Zweiges im Ursprung. Je nachdem ob $A_1 \neq 0$ oder $B_1 \neq 0$ ist, kann man eine der beiden Reihen (9) oder beide nach t im kleinen auflösen, d. h. t als Potenzreihe von $x - a$ bzw. $y - b$ bestimmen und jeweilig in die andere Reihe einsetzen. Damit kann man auch sagen: Jede Potenzreihe

$$y - b = P(x - a) \text{ bzw. } x - a = Q(y - b), \tag{10 a}$$

die die Gleichung von k_n identisch erfüllt, definiert einen linearen Zweig auf k_n mit dem Ursprung (a, b). Wir wissen demnach, daß jeder reguläre Punkt von k_n Ursprung eines linearen Zweiges auf k_n ist. Aber auch für singuläre Punkte auf k_n kann dies der Fall sein. Insbesondere ist jeder gewöhnliche s-fache Punkt Ursprung von s linearen Zweigen, wie aus den allgemeinen Überlegungen von § 17 leicht folgen wird. Hier möge folgendes Beispiel dafür genügen:

Die Quartik mit der Gleichung

$$x^4 + y^4 - 4x^2 y + y^3 = 0 \tag{11}$$

besitzt im Ursprung einen gewöhnlichen dreifachen Punkt mit folgenden 3 Reihenentwicklungen (s. Bild 20):

$$\begin{aligned} y_{\text{I}} &= 2^{-2}x^2 + 2^{-8}x^4 + 19 \cdot 2^{-14}x^6 + \ldots, \\ y_{\text{II}} &= 2x - 17 \cdot 2^{-3}x^2 + 1309\, 2^{-8}x^3 + \ldots, \\ y_{\text{III}} &= -2x - 17 \cdot 2^{-3}x^2 - 1309 \cdot 2^{-8}\, x^3 - \cdots \end{aligned} \tag{12}$$

wie man nachprüfen möge.

Nun können lineare Zweige mit dem Ursprung S_0 auch die Tangente gemein haben. In Übereinstimmung mit der elementaren Differentialgeometrie definieren wir dann: Die linearen Zweige

(13) $$y = A_1 x + A_2 x^2 + \cdots,\ y = B_1 x + B_2 x^2 + \cdots$$

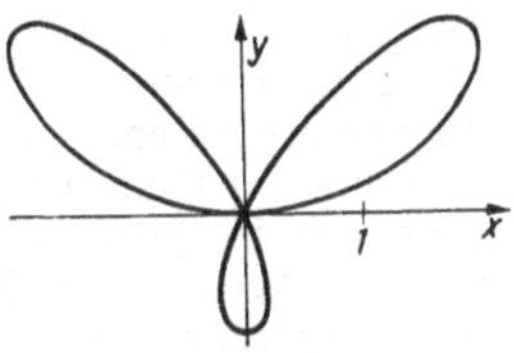

Abb. 20

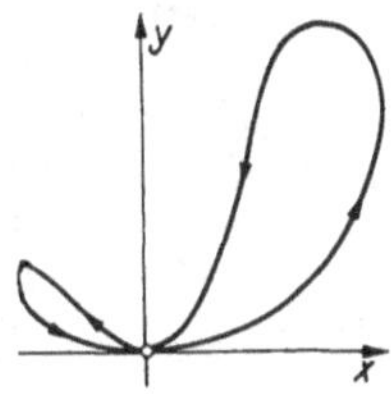

Abb. 21

berühren sich im gemeinsamen Ursprung in der Ordnung h, wenn

(14) $$A_1 = B_1, \ldots, A_h = B_h,\ A_{h+1} \neq B_{h+1}$$

gilt.

Wir geben auch hierfür wieder 2 Beispiele:

a) Die Quartik k_4 mit der Gleichung

(15) $$7y^2 - 8x^2 y + x^4 - \frac{7}{4} xy^2 + x^2 y^2 = 0$$

hat 2 lineare Zweige mit dem Ursprung 0:

(16) $$y_{\mathrm{I}} = x^2 + \frac{7}{24} x^3 + \cdots,\ y_{\mathrm{II}} = \frac{1}{7} x^2 - \frac{1}{168} x^3 + \cdots,$$

die sich also in der Ordnung 1 berühren. Man nennt diese Singularität von k_4 Berührungsknoten (s. Bild 21).

b) Die Quartik k_4 mit der Gleichung:

(17) $$(y - x^2)^2 - y^2(x - y)(x + 2y) = 0$$

hat zwei lineare Zweige mit dem Ursprung 0:

(18) $$y_{\mathrm{I}} = x^2 + x^3 + \frac{3}{2} x^4 + \cdots,$$

$$y_{\mathrm{II}} = x^2 - x^3 + \frac{1}{2} x^4 + \cdots,$$

die sich also in der Ordnung 2 berühren. Man nennt diese Singularität von k_4 Oskulationsknoten (s. Bild 22).

Wir zeigen jetzt, daß es singuläre Punkte auf algebraischen Kurven gibt, die nicht Ursprung linearer Zweige sind:

Satz 1. Eine Spitze von k_n ist nicht Ursprung eines linearen Zweiges.

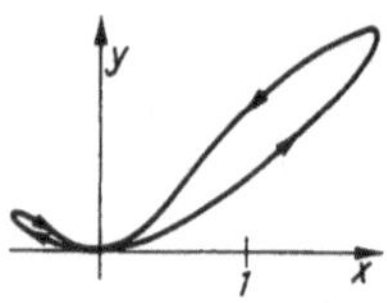

Abb. 22

Beweis: In § 14, Satz 3 hatten wir die Gleichung einer k_n mit Spitze in geeigneten affinen Koordinaten bereits aufgestellt. Demnach haben in affinen x, y alle k_n mit einer Spitze im Ursprung und der x-Achse als Spitzentangente Gleichungen der Art

$$y^2 + a_3(x, y) + a_4(x, y) + \cdots + a_n(x, y) = 0 \tag{22}$$

mit

$$a_3(1, 0) \neq 0. \tag{23}$$

Angenommen auf der k_n mit der Gleichung (22) liege der lineare Zweig durch (0, 0) als Ursprung:

$$y = x(A_1 + A_2 x + \cdots). \tag{24}$$

Dann würde die Identität

$$\begin{aligned} x^2(A_1 + A_2 x + \cdots)^2 + x^3 a_3(1, A_1 + A_2 x + \cdots) \\ + \cdots + x^n a_n(1, A_1 + A_2 x + \cdots) = 0 \end{aligned} \tag{25}$$

gelten. Da in (25) nur das quadratische Glied $x^2 A_1^2$ auftritt, folgt zunächst aus (25): $A_1 = 0$. Dann tritt nach Nullsetzen von A_1 in (25) links das kubische Glied aber nur als $a_3(1, 0)x^3$ auf, verschwindet zufolge (23) also nicht, so daß die Identität (25) unmöglich ist.

Um nun auch die Spitze als Ursprung eines Zweiges zu erklären, sind wir mithin genötigt, den Begriff des linearen Zweiges in folgender naheliegender Weise zu verallgemeinern:

Definition: Die Potenzreihen (9) mit gemeinsamem Konvergenzgebiet, welche die Gleichung $f = 0$ von k_n identisch erfüllen, definieren einen Zweig mit dem Ursprung (a, b).

Verschwindet in (9) mindestens eine der beiden Zahlen A_1, B_1 nicht, so liegt ein linearer Zweig vor, wie wir schon wissen. Alle übrigen Zweige heißen superlinear. Durch reguläre Änderung des Parameters t kann man (9) in mannigfach verschiedener Gestalt schreiben. Wie bei den linearen Zweigen pflegt man auch allgemein unter Bevorzugung einer Koordinate vor der anderen die Darstellung des Zweiges wie folgt, zu normieren.

Es sei nach eventueller Vertauschung der Achsen erreicht, daß in (9) gilt:

$$\begin{aligned} &A_1 = \cdots = A_{s-1} = 0, \ A_s \neq 0, \\ &B_1 = \cdots = B_{r-1} = 0, \ B_r \neq 0, \ s \leqq r. \end{aligned} \tag{26}$$

Ferner nehmen wir an, die Reihen in (9) hängen nicht lediglich von $t^\varrho (\varrho > 1)$ ab, da man dann in (9) von vornherein $t' = t^\varrho$ als Parameter hätten nehmen können. Dann führen wir τ durch

$$\tau = \alpha_1 t + \alpha_2 t^2 + \cdots \tag{27}$$

so ein, daß die Identität

$$(\alpha_1 + \alpha_2 t + \cdots)^s \equiv A_s + A_{s+1} t + \cdots \tag{28}$$

gilt. Dies führt dazu, $\alpha_1, \alpha_2, \ldots$ der Reihe nach aus:

$$\begin{aligned} &\alpha_1^s = A_s, \quad s\alpha_1^{s-1}\alpha_2 = A_{s+1}, \\ &s\alpha_1^{s-1}\alpha_3 + \binom{s}{2}\alpha_1^{s-2}\alpha_2^2 = A_{s+2}, \ldots \end{aligned} \tag{29}$$

zu bestimmen. α_1 ist hieraus als Zahl $\neq 0$ wegen (26) bis auf eine s-te Einheitswurzel als Faktor bestimmt und die übrigen $\alpha_i (i > 1)$, die in (29) nur linear eingehen, daraufhin eindeutig. In τ hat unser Zweig dann die normierte Darstellung

$$x = a + \tau^s, \ y = b + \beta_r \tau^r + \beta_{r+1} \tau^{r+1} + \cdots \ (r \geqq s). \tag{30}$$

Die Schnittpunkte der durch den Ursprung (a, b) von (19) gehenden Geraden G_1:

$$p \cdot (x - a) + q(y - b) = 0 \tag{31}$$

mit dem Zweig erhält man nun als die im Konvergenzkreis gelegenen Nullstellen der Reihe

$$(32)\qquad p\tau^s + q\beta_r\tau^r + q\beta_{r+1}\tau^{r+1} + \cdots$$

Wie bei Polynomen sagt man, die Reihe

$$\gamma_h\tau^h + \gamma_{h+1}\tau^{h+1} + \cdots \qquad (\gamma_h \neq 0).$$

besitzt $\tau = 0$ als h-fache Wurzel (oder auch: ihre Ordnung in $\tau = 0$ ist $= h$). Aus (32) ist dann ersichtlich: Jede Gerade (31) schneidet den Zweig (30) im Ursprung mindestens s-fach; es gibt aber genau eine Gerade T_1 des Büschels (31), die in diesem Punkt mehr als s-fach schneidet. Diese Gerade T_1 ist

$$(33)\quad y - b = 0 \text{ bei } r > s,\ \beta_r(x - a) - (y - b) = 0 \text{ bei } r = s.$$

T_1 heißt die Tangente des Zweiges im Punkt (a, b). Führt man solche affinen Koordinaten ein, daß T_1 stets die Gerade $y - b = 0$ ist, so kann der Fall vorliegen, wo unser Zweig durch

$$x - a = t^s,\ y - b = 0$$

dargestellt wird, d. h. mit seiner Tangente T_1 zusammenfällt. Dieser triviale Fall, wo die gesamte irreduzible Kurve $k_n = T_1$ ist, werde im folgenden stets ausgeschlossen. In jedem anderen Falle ergibt sich folgende endgültige Normierung der Darstellung des Zweiges:

$$(34)\quad x - a = t^s,\ y - b = \alpha_0 t^{s+s'} + \alpha_1 t^{s+s'+1} + \cdots\ (\alpha_0 \neq 0).$$

Das α_0 hierin könnte auch zu 1 normiert werden.

Die Zahl s in (34) heißt die Ordnung des Zweiges, so daß lineare Zweige solche der Ordnung 1 sind. Weiterhin definiert man die Zahl s' in (34) als die Klasse dieses Zweiges. Daß diese Definition sinnvoll ist, geht aus folgender Überlegung hervor:

Wird eine analytische Kurve durch $x = x(t)$, $y = y(t)$ definiert, so erklärt man als Tangente daran in einem Punkt $S_0(x_0 = x(t_0),\ y_0 = y(t_0))$, für den die Ableitungen x' und y' nicht beide verschwinden, die Gerade

$$(35)\qquad (x - x_0)\, y'(t_0) - (y - y_0)\, x'(t_0) = 0.$$

(s. Strubecker, Differentialgeometrie I—III, Slg. Göschen 1113/1113a, 1179/1179a, 1180/1180a). Für (34) verschwindet nun $x' = st^{s-1}$ nur für $t = 0$, so daß der Zweig mit der Parameterdarstellung (34) für alle von $t = 0$ verschiedenen Punkte des Definitionsbereichs Tangenten besitzt. Für die durch

$$u_0 x + v_0 y + w_0 = 0$$

definierten Koordinaten dieser Tangenten ist dabei $v_0 \neq 0$; wir können mithin die durch

$$P = -\frac{u_0}{v_0}, \quad Q = -\frac{w_0}{v_0} \tag{36}$$

definierten nicht-homogenen Linienkoordinaten P, Q benutzen. Aus (34) bis (36) ergibt sich dann leicht eine Parameterdarstellung der P, Q für die Tangenten unseres Zweiges. Die ersten Glieder davon sind

$$\begin{aligned} P &= \frac{s+s'}{s'} t^{s'} + \cdots, \\ Q &= b - a\frac{s+s'}{s} t^{s'} - \frac{s'}{s} t^{s+s'} + \cdots \end{aligned} \tag{37}$$

Wir sehen, daß (37) auch bei $t = 0$ einen Sinn hat und die Gerade $y - b = 0$ ergibt, die wir bereits als Tangente im Ursprung des Zweiges erklärt hatten. Deutet man P, Q als affine Punkt-Koordinaten einer anderen Ebene, so stellt (37) einen Zweig der Ordnung s' dar. Jedem Zweig Z mit der Parameterdarstellung (34) ist somit in (37) ein Dualgebilde $\hat{Z}$ zugeordnet, so wie es bei der gesamten Kurve auch der Fall war. Es ist daher sinnvoll, die Ordnung s' von $\hat{Z}$ als Klasse von Z zu bezeichnen. Die Tangenten von Z sind gewiß auch Tangenten der Kurve k_n, auf der Z liegt, so daß $\hat{Z}$ Teilmenge der mit k_n verbundenen $\hat{k}_m$ ist.

Wir nehmen jetzt an, daß es keine anderen Zweige auf k_n mit dem Ursprung S_0 gibt außer Z. Es habe Z die Ordnung s und die Klasse s' wie oben. Dann besitzt k_n in S_0 auch nur eine Tangente T_1. Bei $s = 1$ ist S_0 für k_n regulär, bei $s' = 1$ ist T_1 für $\hat{k}_m$ regulär, d. h. T_1 ist keine Liniensingularität.

Der einfachste Fall, wo S_0 singulär ist, liegt dann bei der Spitze vor. Denn es gilt der

Satz 2. Jede Spitze S_0 einer Kurve k_n ist Ursprung eines Zweiges Z von der Ordnung 2 und der Klasse 1.

Beweis: Die Kurve k_n mit der Spitze S_0 im Ursprung habe die Gleichung (22). Wir haben jetzt $\alpha_0, \alpha_1, \ldots$ so zu bestimmen, daß

(38) $$x = t^2,\ y = t^3(\alpha_0 + \alpha_1 t + \cdots)$$

(22) identisch erfüllt. Es muß daher

(39) $$\begin{aligned}(\alpha_0 + \alpha_1 t + \cdots)^2 &+ a_3[1, t(\alpha_0 + \alpha_1 t + \cdots)]\\ &+ t^2 a_4[1, t(\alpha_0 + \alpha_1 t + \cdots)]\\ &+ \cdots + t^{2n-6} a_n[1, t(\alpha_0 + \alpha_1 t + \cdots)] = 0\end{aligned}$$

gelten. Dies bedeutet die Bedingungen

(40) $$\alpha_0^2 + \alpha_3(1,0) = 0, \quad 2\alpha_0\alpha_i + \pi_i(\alpha_0, \ldots, \alpha_{i-1}) = 0 \quad (i = 1, 2, \ldots),$$

aus denen man analog wie in früheren Fällen der Reihe nach die α_i bestimmt. Aus der ersten Gleichung in (40) ergeben sich zufolge (23) zwei durch das Vorzeichen unterschiedene Lösungen α_0. Dies führt zu zwei verschiedenen Reihen, die aber bei dem unwesentlichen Wechsel von t in $-t$ ineinander übergehen.

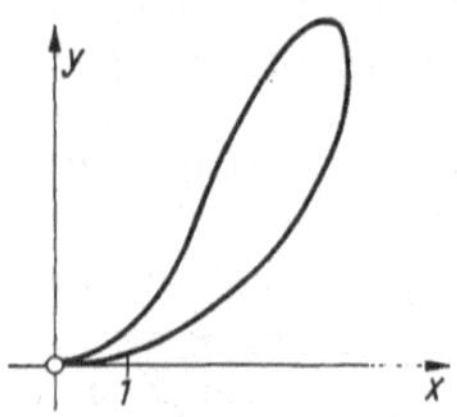

Abb. 23

Ein Zweig mit $s = 1$, $s' = 2$ gehört zu einem Wendepunkt, und man kann von hier aus unser bekanntes Ergebnis, daß sich Spitze und Wendetangente dual gegenüberstehen, erneut herleiten. Von den weiteren superlinearen Zweigen sei noch erwähnt der Fall $s = 2$, $s' = 2$. Der zugehörige singuläre Punkt heißt Schnabelspitze. Als Beispiel für ihn sei die Quartik mit der Gleichung

(41) $$(4y - x^2)^2 - x(4 - x)\,y^2 = 0$$

genommen (s. Bild 23).

Das Wesentliche an einer reellen Schnabelspitze S_0 ist es, daß die Kurve in der Nähe von S_0 auf einer Seite der Tangente T_1 liegt, während sie bei einer gewöhnlichen Spitze auf verschiedenen Seiten von T_1 liegt. Man kann sich leicht davon überzeugen, daß ein beliebiger Zweig im Reellen keine anderen Lagemöglichkeiten bezüglich seiner Tangente besitzt als die vom gewöhnlichen, dem Wendepunkt und den beiden Spitzen (gewöhnliche und Schnabelspitze) her bekannten. Die wesentlichen Unterschiede zwischen den verschiedenen Arten von Zweigen liegen im Komplexen verborgen und können hier nicht berührt werden.

§ 16. Zweige und ihre Schnittvielfachheit mit einer algebraischen Kurve

Im vorigen Abschnitt waren die Zweige als Teilmengen algebraischer Kurven eingeführt worden. Man kann sie aber auch als selbständige geometrische Teilgebilde der komplexen affinen Ebene auffassen. Die Punkte eines Zweiges Z sind dann durch die Reihen (9) in § 15 definiert. Dabei hat man für t die Werte aus dem Inneren eines gemeinsamen Konvergenzkreises beider Reihen einzusetzen. Die Begriffe Ordnung und Klasse, wie sie im § 15 eingeführt wurden, gelten dann auch für die allgemeineren Zweige. Gleichfalls kann man durch geeignete Änderung der Parameter die normale Darstellung (30) einführen. Meist pflegt man nun auch bei einer Ordnung $s > 1$ den Zweig durch eine einzige Reihe darzustellen. Dazu setze man gemäß (30):

$$\tau = (x - a)^{\frac{1}{s}}$$

und definiere Z durch

$$(1) \qquad y - b = \beta_r (x-a)^{\frac{r}{s}} + \beta_{r+1} (x-a)^{\frac{r+1}{s}} + \cdots$$
$$= P\left((x-a)^{\frac{1}{s}}\right) \qquad (\beta_r \neq 0),$$

d. h. durch eine Potenzreihe in $(x-a)^{\frac{1}{s}}$ mit von 0 verschiedenem Konvergenzradius. Soll Z die Ordnung s haben, so ist zu verlangen, daß auf der rechten Seite von (1) das s im Nenner der Exponenten mindestens einmal zum Zähler teilerfremd ist. Es ist ferner zu beachten, daß unter (1) für jedes x des Konvergenzbereichs insgesamt s Reihen zu verstehen sind. Diese gehen dadurch auseinander hervor, daß man $x - a$ durch $(x - a)\,\zeta_i$ ersetzt, worin ζ_i eine beliebige s-te Einheitswurzel ist. Es braucht in (1) nicht $r > s$ zu sein, wenn man nicht verlangt, daß die Gerade $y - b = 0$ Tangente im Ursprung (a, b) von Z ist.

Im allgemeinen sind die so definierten Zweige selber keine algebraischen Kurven und nicht einmal Teilmengen von solchen. Nur wenn die Reihe (1) abbricht, definiert sie eine rationale algebraische Kurve, die zu dem besonderen affinen Typus der ganz rationalen Kurven gehört. Diese haben in dem einfachsten Fall, wo rechts in (1) nur ein Glied steht, und wir $a = b = 0$ setzen, Gleichungen der Art

$$(2) \qquad y^s - \beta x^r = 0 \quad ((r, s) = 1) \quad (\beta \neq 0).$$

Sie lassen sich leicht übersehen und stellen jeweils in einer genügend kleinen Umgebung des Ursprungs erste Näherungen an beliebige Zweige dar, und man hat sie auch schon frühzeitig dazu benutzt, um Stücke von Kurven in der Umgebung eines Punktes näherungsweise zu erfassen.

Wir geben jetzt die für das folgende wichtige

Definition: Gegeben sei der durch

$$(3) \qquad x = a + \varphi(t),\ y = b + \psi(t)$$

definierte Zweig, wobei $\varphi(t)$ und $\psi(t)$ Potenzreihen von t sind, die nicht beide gleichzeitig schon Reihen in $t^d (d > 1)$ sein sollen. Z gehöre nicht der durch $F(x, y) = 0$ definierten Kurve K_n an. Dann heißt die durch

$$(4) \qquad F(\varphi(t),\ \psi(t)) = t^v \Phi(t) \text{ mit } \Phi(0) \neq 0$$

definierte Zahl $v \geqq 0$ die Schnittvielfachheit von K_n und Z im Punkt (a, b).

Die so definierte Vielfachheit hat folgende Eigenschaften:

a) Sie ist unabhängig von der Wahl des Parameters t. Denn führt man durch

$$(5) \qquad t = P(\tau) = \tau(\alpha_0 + \alpha_1\tau + \cdots) \; (\alpha_0 \neq 0)$$

statt t den Parameter τ ein und berechnet die Vielfachheit nach der gleichen Vorschrift als Ordnung der Funktion

$$(P(\tau))^v \Phi(P(\tau)),$$

so ergibt sich wegen $\alpha_0 \neq 0$ in (5) wieder der Wert v.

b) Die Vielfachheit v ist invariant bei regulären affinen Transformationen; denn hierbei verändert sich die Funktion $t^v\Phi(t)$ nicht, wie rechnerisch sofort folgt.

c) Aus a) und b) ergibt sich:

Schreibt man die Gleichungen von Z in den normalen Parametern (34) von § 15 und daraufhin in der Form (4), so ist v aus

$$(6) \qquad F\left[x, \beta_1(x-a)^{\frac{r}{s}} + \cdots\right] = x^{\frac{v}{s}} \Phi\left(x^{\frac{1}{s}}\right)$$

zu entnehmen.

d) Bricht die Reihe (1) ab, so ist Z selber eine ganz rationale Kurve. Wir haben dann in folgendem Satz zu zeigen, daß unsere neue Definition der alten nicht widerspricht:

Satz 1: Die soeben definierte Schnittvielfachheit des Zweiges Z mit der Kurve k_n stimmt in dem Fall, wo Z eine ganz rationale Kurve k_m ist, mit der Vielfachheit auf Grund der Resultante überein.

Beweis: Z sei ein Zweig der Ordnung s, aber auch gleichzeitig eine ganz-rationale Kurve k_m der Ordnung m, d. h. die Reihe (1) für Z breche ab. Am bequemsten wäre es jetzt, die Resultante von k_n und k_m bezüglich des Fernpunkts F_0 der y-Achse zu bilden. Doch liegt F_0 im allgemeinen auf $\tilde{k}_m$ und erfüllt demnach dann nicht die im § 13 gestellte Bedingung allgemeiner Lage. Wir beziehen daher k_n und $\tilde{k}_m$ erst auf ein Koordinatensystem

(x_0', x_1', x_2'), dessen Eckpunkt $F_0'(0, 1, 0)$ allgemein zu k_n und $\tilde{k}_m$ liegen soll, während der fragliche Schnittpunkt $0(1, 0, 0)$ ist. Durch $x' = \frac{x_1'}{x_0'}$, $y' = \frac{x_2'}{x_0'}$ werden affine Koordinaten eingeführt, in denen k_n die Gleichung $f'(x', y') = 0$ habe. Die m Schnittpunkte von $\tilde{k}_m$ mit der Geraden $x' = \varepsilon$ mögen die Ordinaten

$$(7) \qquad y_1'(\varepsilon), \ldots, y_m'(\varepsilon) \qquad (\varepsilon \neq 0)$$

haben. Hiervon interessieren uns diejenigen Punkte, die bei $\varepsilon \to 0$ nach 0 rücken; ihre Ordinaten seien

$$(8) \qquad y_1'(\varepsilon), \ldots, y_s'(\varepsilon).$$

Die Resultante von k_n und $\tilde{k}_m$ bezüglich F_0' schreiben wir jetzt in Abhängigkeit von x' gemäß Einleitung A in der Gestalt:

$$(9) \qquad f'(x', y_1'(x')) \cdots f'(x', y_m'(x')).$$

Hiervon interessiert wieder nur das Teilprodukt der ersten s Faktoren:

$$(10) \qquad f(x', y_1'(x')) \cdots f'(x', y_s'(x')) = x'^{v'} \varphi(x') \quad \text{mit } \varphi(0) \neq 0,$$

das die Schnittvielfachheit v' von k_n und $\tilde{k}_m$ in 0 definiert. Nun gehen wir zu unseren ursprünglichen Koordinaten (x, y) über und bilden darin den zu (10) analogen Ausdruck:

$$(11) \qquad f(x, y_1(x)) \cdots f(x, y_s(x)).$$

Darin spaltet jeder Faktor ein $x^{\frac{v}{s}}$ ab, (11) insgesamt also x^v, wobei v die in diesem Abschnitt definierte Vielfachheit ist. Nun können aber gewiß die (x', y')-Koordinaten „beliebig nahe“ bei den (x, y)-Koordinaten gewählt werden, so daß sich (10) und (11) gleichfalls beliebig wenig voneinander unterscheiden. Damit folgt aber aus Stetigkeitsgründen, daß $v = v'$ ist, wie behauptet.

Die Berechnung der Vielfachheit des Schnitts eines Zweiges mit einer Kurve ist wesentlich bequemer als die eines Schnittpunktes zweier Kurven mittels der Resultante. Man sucht daher die Schnittvielfachheit im gemeinsamen Punkt P_0 zweier Kurven auf diejenige zwischen einer Kurve und allen Zweigen der anderen Kurve mit dem Ursprung P_0 zurückzuführen. Dazu benötigt man erstens ein Verfahren, diese Zweige alle aufzustellen; das wird uns im nächsten Abschnitt beschäftigen. Außerdem ist aber erforderlich folgender

Satz 2. Die Kurve $\tilde{k}_m$ besitze die t Zweige $Z^{(1)}, \ldots, Z^{(t)}$ mit dem Ursprung P_0, und jeder in einer gewissen Umgebung von P_0 gelegene, aber von P_0 verschiedene Punkt gehöre genau zu einem $Z^{(i)}$. Dann ist die Schnittvielfachheit von $\tilde{k}_m$ und einer beliebigen anderen Kurve k_n gleich der Summe der Schnittvielfachheiten von k_n mit allen $Z^{(i)}$. Die Kurven können auch zerfallen, es darf jedoch kein $Z^{(i)}$ auf k_n liegen.

Beweis: Der Beweis dieses Satzes geht analog zu dem von Satz 1. Zunächst liege ein System affiner Koordinaten x, y vor derart, daß alle Zweige von $\tilde{k}_m$ mit dem Ursprung 0 sich durch Reihen der Art (1) (für $a = b = 0$) beschreiben lassen. Der Fernpunkt F_0 der y-Achse soll ferner allgemein bezüglich des Schnitts von k_n und $\tilde{k}_m$ liegen. Dann bilde man die Resultante von k_n und $\tilde{k}_m$ hinsichtlich eines hinreichend nahe bei F_0 gelegenen Punktes F_0 und benutze ein System affiner Koordinaten x', y' mit F_0' als Fernpunkt der y'-Achse und 0 als Ursprung. Die Resultante ist dann in Abhängigkeit von x' ein Ausdruck (9). Hiervon interessieren nur diejenigen Faktoren, bei denen $y_\mu'(x')$ gegen 0 geht, wenn $x' \to 0$ gilt. Nach Voraussetzung verteilen die entsprechenden Punkte mit diesen Ordinaten $y'(x')$ sich auf endlich viele Zweige mit 0 als Ursprung. Für jeden dieser Zweige gilt der Satz 1, und insgesamt ist dann die jetzt vorliegende Vielfachheit die Summe der Vielfachheiten, die zwischen k_n und den einzelnen Zweigen von $\tilde{k}_m$ in 0 erklärt ist.

Man kann auch eine Vielfachheit zwischen 2 beliebigen Zweigen mit gemeinsamem Ursprung erklären; doch sei hier darauf verzichtet, da sich diese Schnittvielfachheit erst bei genauerem Eingehen in die Glieder der Puiseuxschen Reihenentwicklung formulieren läßt. Es sei wegen dieser Dinge und vieler weiterer Einzelheiten aus der Geometrie der singulären Punkte algebraischer Kurven auf das Werk von Enriques-Chisini, Bd. II, verwiesen.

§ 17. Herleitung der Puiseuxreihen für die Zweige algebraischer Kurven mittels des Newtonpolygons

Im vorliegenden Abschnitt soll der noch fehlende Nachweis dafür erbracht werden, daß jeder Punkt P_0 einer algebraischen Kurve k_n Ursprung endlich vieler, auf k_n liegenden Zweige ist, wobei zu jeder Tangente in P_0 mindestens ein Zweig gehört. Bisher ist dies nur für die Fälle hergeleitet worden, wo P_0 ein gewöhnlicher s-facher Punkt ($s > 1$) oder eine Spitze ist. Hat man somit P_0 als Ursprung von h Zweigen erkannt, so sagt man auch, P_0 sei Träger von h Stellen, und es ist besser, die ganze Kurve k_n als Gesamtheit von Stellen anstatt von Punkten aufzufassen. Denn erst die Stellen und nicht die Punkte sind den Punkten der mit k_n verbundenen Riemannschen Fläche eineindeutig zugeordnet.

Wir nehmen P_0 als Ursprung 0 eines Systems affiner Koordinaten an. Die Gleichung der Kurve k darin sei:

$$f = c_0(x)\,y^n + c_1(x)\,y^{n-1} + \cdots + c_n(x) = 0. \tag{1}$$

Wir haben dann alle Reihen

$$y = \varrho_1 x^{\sigma_1} + \varrho_2 x^{\sigma_1+\sigma_2} + \cdots \tag{2}$$

mit positiven, rationalen σ_i und $\varrho_i \neq 0$ zu finden, die (1) identisch befriedigen. Daß die σ_i in gekürzter Form beschränkte Nenner haben und daß (2) nicht nur für $x = 0$ konvergiert, wird sich dabei von selber ergeben. Zunächst gilt folgender

Satz 1. Es sei (2) eine die Kurvengleichung (1) identisch erfüllende Reihe. Wir setzen

$$y = x^{\sigma_1}(\varrho_1 + y_1), \tag{3}$$

so daß

$$f(x, x^{\sigma_1}(\varrho_1 + y_1)) = f(x, \varrho_1 x^{\sigma_1}) + F(x, y_1) \tag{4}$$

gilt. Dann heben sich die Glieder von niedrigstem Grade in x, die sich beim Einsatz von (2) in (1) ergeben, bereits innerhalb von $f(x, \varrho_1 x^{\sigma_1})$ fort.

Beweis: Bei $y_1 \equiv 0$ ist nichts zu beweisen; es sei also $y_1 \not\equiv 0$. Dann betrachten wir folgenden beliebigen Term aus $F(x, y_1)$, der sich bei Einsetzen von (3) in (1) ergibt:

$$c_{n-i}(x) x^{i\sigma_1} \binom{i}{j} \varrho_1^{i-j} y_1^j \quad (0 < j \leqq i \leqq n). \tag{5}$$

Bezeichnen wir wieder als Ordnung O einer x-Reihe ihren niedrigsten auftretenden Exponenten, so ist die Ordnung von (5)

$$\mathrm{O}(c_{n-i}(x)) + i\sigma_1 + j\,\mathrm{O}(y_1). \tag{6}$$

Nun enthält $f(x, \varrho_1 x^{\sigma_1})$ aber gewiß den Term $c_{n-i}(x) x^{i\sigma_1} \varrho_1^i$ mit der Ordnung

$$\mathrm{O}(c_{n-i}(x)) + i\sigma_1, \tag{7}$$

die wegen $j > 0$ und $\mathrm{O}(y_1) > 0$ gewiß kleiner ist als (6). Darin liegt aber die Behauptung des Satzes.

Wir nennen kurz einen Zweig, dessen Gleichung aus (2) bei Abbruch nach dem h-ten Glied entsteht, h-te Näherung oder h-ten Näherungszweig an den gegebenen. Der Satz 1 gestattet es dann leicht, alle möglichen ersten Näherungen an Zweige auf k_n mit 0 als Ursprung zu finden. Man benutzt dazu folgenden, bereits von Newton stammenden Gedankengang: Kommt in f das Glied

$$a x^{\xi_0} y^{\eta_0} \text{ mit } a \neq 0$$

vor, so markieren wir den Punkt mit den Cartesischen Koordinaten ξ_0, η_0. Die so entstehende Menge von Gitterpunkten der ξ, η-Ebene heiße das Newtondiagramm von f.

So hat z. B. die Gleichung (41) von § 15 das untenstehende Diagramm (s. Bild 24). Nun führen 2 verschiedene Glieder von f genau dann zu Gliedern mit gleichem Exponenten in $f(x, \varrho_1 x^{\sigma_1})$, wenn die zugehörigen Gitterpunkte auf einer Geraden

$$\xi + \sigma_1 \eta = C \tag{8}$$

liegen. Solche gleichen Exponenten müssen nach Satz 1 aber vorkommen, wenn $y = \varrho_1 x^{\sigma_1}$ Gleichung eines ersten Näherungszweiges ist. Für σ_1 kommen demnach nur diejenigen Werte in Frage, die sich ergeben, wenn man die Gleichungen (8) der Verbindungen aller Diagrammpunkte bildet. σ_1 sei ein solcher Wert. Dann führt unter allen Geraden der Parallelschar (8), die Diagrammpunkte enthalten, diejenige zum kleinsten Grad in $f(x, \varrho_1 x^{\sigma_1})$, welche dem Ursprung am nächsten liegt, und diese muß nach Satz 1 auch mindestens 2 Diagrammpunkte enthalten. Die fraglichen σ_1 ergeben sich also so: Man nehme die konvexe Hülle des Newtondiagramms von f und betrachte alle Randstrecken davon, die das sog. Newtonpolygon bilden. Von diesen interessieren wiederum nur diejenigen, die so liegen, daß ihre Gerade zwischen 0 und allen übrigen Diagrammpunkten liegt. Zu einer solchen Randstrecke R mögen folgende Glieder von f gehören:

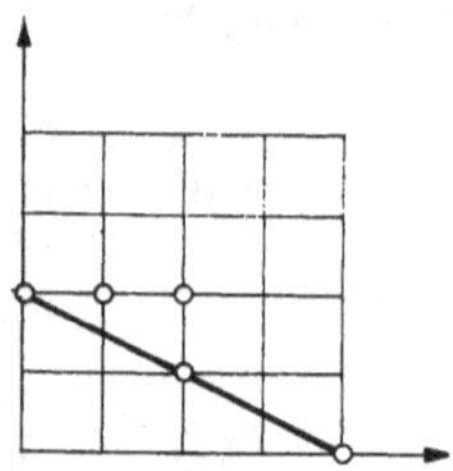
Abb. 24

$$a_0 x^{\alpha} y^{\beta} + a_1 x^{\alpha+p} y^{\beta-q} + \cdots + a_h x^{\alpha+hp} y^{\beta-hq} \tag{9}$$
$$(h \geqq 1,\ \alpha_0 \neq 0,\ a_h \neq 0).$$

Dann ist

$$\xi + \frac{p_1}{q_1}\eta - w_1 = 0 \tag{10}$$

die Gleichung derjenigen Geraden G_1^R, auf der R liegt.

In (10) ist dabei

$$(11)\qquad w_1 = \alpha - \frac{p_1}{q_1}\beta \text{ mit } \frac{p_1}{q_1} = \frac{p}{q} = \sigma_1;\quad (p_1, q_1) = 1$$

gesetzt. ϱ_1 ist jetzt so zu bestimmen, daß die von (9) herrührenden Glieder in $f(x, \varrho_1 x^{\sigma_1})$ sich aufheben, d. h. ϱ_1 ist Wurzel von

$$(12)\qquad \Phi^{(1)}(\varrho) = a_0\varrho^\beta + a_1\varrho^{\beta-q} + \cdots + a_h\varrho^{\beta-hq}.$$

Wir nennen (12) das zur fraglichen Strecke des Newtonpolygons gehörige Polynom. $\Phi^{(1)}$ schreibt sich auch so:

$$(13)\qquad \Phi^{(1)}(\varrho) = \varrho^{\beta-hq}[a_0\varrho^{hq} + a_1\varrho^{(h-1)q} + \cdots + a_h],$$

d. h. es besitzt von 0 verschiedene Wurzeln mit der Vielfachheitsumme hq. Ein erstes Teilergebnis der Aufgabe dieses Abschnitts enthält dann der folgende

Satz 2. Die rationale Zahl $\sigma_1 = \frac{p_1}{q_1}$ möge der Gleichung (10) einer Randgeraden des Newtonpolygons von f entnommen sein, $\varrho_1 = 0$ sei einfache Wurzel des zugehörigen Polynoms $\Phi^{(1)}(\varrho)$. Dann ist $\varrho_1 x^{\sigma_1}$ Anfangsglied der Gleichung eines Zweiges der Ordnung q_1 auf der durch $f = 0$ definierten Kurve k_n.

Beweis: Die Zahlen $\sigma_1 = \frac{p_1}{q_1}$ und ϱ_1 seien nach Voraussetzung bestimmt. Der Ausdruck $f(x, \varrho x^{\frac{p_1}{q_1}})$ ist dann ein Polynom in $x^{\frac{p_1}{q_1}}$ und ϱ, wobei x mit keinem niederen Exponenten als w_0 behaftet auftritt. Mithin ist das durch

$$(14)\qquad x^{-w_1} f\left(x, \varrho x^{\frac{p_1}{q_1}}\right) = F(x_1, \varrho) \text{ mit } x_1 = x^{\frac{1}{q_1}}$$

definierte F ein Polynom in x_1 und ϱ. Die Kurve der (x_1, ϱ)-Ebene mit der Gleichung $F = 0$ heiße H. Es ist

$$(15)\qquad F = \alpha_0\varrho^\beta + \cdots + a_h\varrho^{\beta-hq} + F_1(x_1, \varrho),$$

wobei in jedem Glied von F_1 das x_1 vorkommt und vorn das Polynom $\Phi^{(1)}(\varrho)$ aus (12) steht. Nach Voraussetzung ist $\varrho = \varrho_1$ einfache Wurzel von (12), d. h. es gilt

$$(16) \qquad F(0, \varrho_1) = 0, \left(\frac{\partial F}{\partial \varrho}\right)_{(0, \varrho_1)} \neq 0.$$

Dies bedeutet, es ist $U_0(0, \varrho_1)$ einfacher Punkt von H und damit Ursprung eines linearen Zweiges mit der Gleichung

$$(17) \qquad \varrho = \varrho_1 + A_1 x_1 + A_2 x_1^2 + \cdots$$

Diese Funktion (17) erfüllt die Gleichung $F(x_1, \varrho) = 0$. Zufolge (14) erfüllt dann aber auch

$$(18) \qquad y = \varrho_1 x^{\frac{p_1}{q_1}} + A_1 x^{\frac{p_1+1}{q_1}} + \cdots$$

die Gleichung $f = 0$, womit alles bewiesen ist. Konvergiert (17) für $x_1 = \alpha_1 \neq 0$, so konvergiert (18) für die q_1 Zahlen $\alpha_1^{\frac{1}{q_1}}$. Als Anwendung von Satz 2 haben wir unmittelbar den

Satz 3. Ein gewöhnlicher s-facher Punkt einer algebraischen Kurve ist Ursprung von s linearen Zweigen.

Es handelt sich jetzt noch darum, wenn ϱ_1 eine mehrfache Wurzel von (12) ist, das nach den Newtonschen Verfahren bestimmte Glied $\varrho_1 x^{\sigma_1}$ zu der Reihe eines Zweiges auf k_n fortzusetzen. Dies geschieht durch Iteration des Verfahrens. Zuerst geben wir dazu folgende

Definition: Die Zahlen $\frac{p_1}{q_1}$, ϱ_1 und w_1 seien auf die beschriebene Weise mittels des Newtondiagramms von f bestimmt, und es sei $f\left(x, \varrho_1 x^{\frac{p_1}{q_1}}\right) \not\equiv 0$, d. h. der Zweig $y = \varrho_1 x^{\frac{p_1}{q_1}}$ liege nicht auf k. Dann werde

$$(19) \qquad f_1(x_1, y_1) = x_1^{-w_1 q_1} f[x_1^{q_1}, x_1^{p_1}(\varrho_1 + y_1)]$$

gesetzt. Aus dem Newtondiagramm von f_1 entnehmen wir auf die gleiche Weise $\frac{p_2}{q_2}$, ϱ_2 und w_2, wobei ϱ_2 Wurzel von

$\Phi^{(2)}(\varrho)$ ist usw. Nach $i-1$-maliger Anwendung des Newtonverfahrens sei auf diese Weise $f_{i-1}(x_{i-1}, y_{i-1})$ erklärt. Aus dem Diagramm von f_{i-1} entnehmen wir die Zahlen $\frac{p_i}{q_i}$, w_i und $\Phi^{(i)}(\varrho)$. Ist $\varrho_i \neq 0$ eine Wurzel von $\Phi^{(i)}(\varrho) = 0$, so werde $f_i(x_i, y_i)$ durch

$$(20) \qquad f_i(x_i, y_i) = x_i^{-w_i q_i} f_{i-1}[x_i^{q_i}, x_i^{p_i}(\varrho_i + y_i)]$$

erklärt.

Es gibt ersichtlich nur endlich viele Wege, um von f durch i-malige Iteration des Newtonverfahrens zu einem f_i zu gelangen. Über den direkten Übergang von f nach f_i gilt der

Satz 4. Durch die soeben definierte i-malige Iteration des Newtonverfahrens sei $f_i(x_i, y_i)$ aus f erklärt. Es mögen dabei die Zahlen

$$(21) \qquad \frac{p_1}{q_1}, \ldots, \frac{p_i}{q_i};\ w_1, \ldots, w_i;\ \varrho_1, \ldots, \varrho_i$$

aus den jeweiligen Diagrammen entnommen sein. Dann ist

$$(22) \qquad f_i\left[x^{\frac{1}{q_1 \cdots q_i}}, y\right] = x^{-W_i} f\left[x, H_i + x^{\frac{p_1}{q_1} + \cdots + \frac{p_i}{q_1 \cdots q_i}} y\right],$$

wobei

$$(23) \qquad W_i = \frac{w_i}{q_1 \cdots q_{i-1}} + \frac{w_{i-1}}{q_1 \cdots q_{i-2}} + \cdots + \frac{w_2}{q_1} + w_1$$

$$(24) \qquad H_i = \varrho_1 x^{\frac{p_1}{q_1}} + \varrho_2 x^{\frac{p_1}{q_1} + \frac{p_2}{q_1 q_2}} + \cdots + \varrho_i x^{\frac{p_1}{q_1} + \cdots + \frac{p_i}{q_1 \cdots q_i}}$$

gesetzt ist.

Beweis: Die Formel (22) stimmt für $i = 1$ und folgt dann allgemein durch Induktion.

Gilt nun $f_i\left(x^{\frac{1}{q_1 \cdots q_i}}, 0\right) \equiv 0$, so liegt zufolge (22) der durch $y = H_i$ definierte Zweig auf k, d. h. k ist selber eine ganz rationale Kurve oder enthält eine solche Kurve als Bestandteil, wenn k zerfällt. In solchem Fall bricht das

Iterationsverfahren nach dem i-ten Schritt ab, sonst kann man es beliebig fortsetzen. Meist interessieren die Glieder der Entwicklung nur so weit, wie durch sie die Nenner in den Exponenten nicht vergrößert werden. Darüber gilt der

Satz 5. Zu gegebenem $f(x, y)$ werde durch i-fache Iteration des Newtonverfahrens $f_i(x_i, y_i)$ definiert, wobei die Zahlen (21) auftreten (die $\frac{p_j}{q_j}$ sind gekürzte Brüche). Aus dem Newtonpolygon von f_i seien die Zahlen $\frac{p_{i+1}}{q_{i+1}}$, ϱ_{i+1} entnommen, wobei $(p_{i+1}, q_{i+1}) = 1$ gilt und ϱ_{i+1} einfache Wurzel von $\Phi^{(i+1)}(\varrho) = 0$ ist. Dann gibt es einen auf k gelegenen Zweig der Ordnung $q_1 \cdots q_{i+1}$, dessen Reihe mit dem Ausdruck H_i in (24) beginnt.

Beweis: Gemäß Satz 2 gibt es auf der durch $f_i(x_i, y_i) = 0$ definierten Kurve einen Zweig, dessen Entwicklung

$$y_i = \mathfrak{P}\left(x_i^{\frac{1}{q_{i+1}}}\right) \tag{25}$$

lautet. Setzt man (25) in $f_i(x_i, y_i)$, beachtet (22) und schreibt $x_i = x^{\frac{1}{q_1 \cdots q_i}}$, so folgt die Behauptung.

Wir sind mithin fertig, wenn wir gezeigt haben, daß jede mögliche Iteration des Newtonverfahrens nach endlich vielen Schritten schließlich nur zur Möglichkeit von Satz 5 führt. Dies besagt der

Satz 6. Gegeben sei die Gleichung (1) einer irreduziblen Kurve k. Dann führt eine beliebige Iteration des Newtonverfahrens stets zu folgenden Möglichkeiten:

a) Das Verfahren bricht von selber dadurch ab, daß k sich als ganze rationale Kurve mit einer Gleichung $y = H_i$ erweist.

b) Nach endlich vielen Schritten ergibt sich ein Newtonpolygon mit nur einer in Frage kommenden Strecke, und das zugehörige Polynom ist vom Grad 1.

Beweis: Vorgegeben sei eine an $f(x, y)$ aus (1) erklärte Iterationskette des Newtonverfahrens, wobei die Zahlen (21) auftreten. Die Iteration sei unbegrenzt fortsetzbar, da bei Fall a) nichts weiter zu beweisen ist. Die Zahlen ϱ_i mögen als Wurzeln der Vielfachheiten r_j je der Polynome $\Phi^{(j)}(\varrho)$ auftreten. Diese r_j sollen abgeschätzt werden. Dazu bemerken wir, daß man gemäß (14) und (15), (19) setzen kann:

$$(26) \qquad f_1(x_1, y_1) = \Phi^{(1)}(\varrho_1 + y_1) + F_1(x_1, \varrho_1 + y_1).$$

In F_1 kommt nun, wie wir wissen, in jedem Glied x_1 vor. Ferner ist

$$(27) \qquad \Phi^{(1)}(\varrho) = (\varrho - \varrho_1)^{r_1} \Phi_0^{(1)}(\varrho) \text{ mit } \Phi_0^{(1)}(\varrho_1) \neq 0,$$

und somit hat das erste Glied in (26) die Gestalt:

$$y_1^{r_1} \Phi_0^{(1)}(\varrho_1 + y_1).$$

Das bedeutet aber, $y_1^{r_1}$ ist die niedrigte in f_1 auftretende y_1-Potenz. Dann lehrt das Diagramm von f_1, daß eine Seite des Newtonpolygons von f_1 höchstens $r_1 + 1$ Punkte besitzt und r_1 bei f_1 dieselbe Rolle spielt wie n bei f. Nun hat $\Phi^{(1)}$ mit jeder Wurzel $\varrho_1 \neq 0$ gleich q davon verschiedene Wurzeln $\varrho_1 \xi$, wobei ξ eine q-te Einheitswurzel ist. Es ist daher:

$$(28) \qquad n \geqq r_1 q \geqq r_1 q_1 \text{ wegen } q \geqq q_1.$$

In Fortsetzung von (28) für $f_1, f_2, \ldots$ folgt wegen obiger Bemerkung aus (28) weiterhin:

$$(29) \qquad r_i \geqq r_{i+1} q_{i+1} (i = 1, 2, \ldots), \text{ d. h.}$$

$$(30) \qquad n \geqq r_1 q_1 \geqq r_2 q_1 q_2 \geqq \cdots \geqq r_i q_1 q_2 \cdots q_i \geqq \cdots$$

Aus (30) schließen wir: Die r_i wachsen nicht, und für ein bestimmtes j gilt demnach:

$$(31) \qquad r_j = r_{j+1} = \cdots = r; \; q_j = q_{j+1} = \cdots = 1.$$

Wir wollen zeigen, daß dann $r = 1$ ist, womit alles bewiesen sein wird. Der einfacheren Bezeichnung wegen sei für den Rest des Beweises angenommen, es sei bereits $f_j = f$ und somit $n = r$ und $q_1 = q_2 = \cdots = 1$. Dann ist $w_i = np_i$ $(i = 1, 2, \ldots)$. Zufolge (22) würde demnach:

$$(32) \qquad f_i(x, y) = x^{-n(p_1 + \cdots + p_i)} f[x, \varrho_1 x^{p_1} + \varrho_2 x^{p_1 + p_2} + \cdots + \varrho_i x^{p_1 + \cdots + p_i} + x^{p_1 + \cdots + p_i} y].$$

Wir differenzieren in (32) beide Seiten nach y und erhalten:

$$(33) \qquad \frac{\partial f_i}{\partial y} = x^{-(n-1)(p_1 + \cdots + p_i)} f'[x, \varrho_1 x^{p_1} + \cdots + \varrho_i x^{p_1 + \cdots + p_i} + x^{p_1 + \cdots + p_i} y],$$

worin f' die Ableitung von f nach dem zweiten Argument bedeutet. Nun gilt für die y-Diskriminante von f gemäß Einl. A

$$(34) \qquad D(x) = A(x, y) f + B(x, y) f'.$$

Hierin kann man, da die rechte Seite nur scheinbar von y abhängt, y durch $\varrho_1 x^{p_1} + \cdots + x^{p_1 + \cdots + p_i} y$ ersetzen. Dann erweist sich wegen (32) und (33) die rechte Seite von (34) und damit auch die linke als teilbar durch $x^{(n-1)(p_1 + \cdots + p_i)}$. Es sei $n > 1$; dann werden die Zahlen $(n-1)(p_1 + \cdots + p_i)$ mit wachsendem i beliebig groß, da die p_j natürliche Zahlen sind. $D(x)$ ist also durch eine beliebig hohe Potenz von x teilbar, also identisch 0. Dies ist jedoch bei irreduziblem f unmöglich. Mithin muß $n = 1$ sein, und es ist alles bewiesen.

§ 18. Hessesche Kurve einer gegebenen Kurve und zweite Gruppe von Plückerformeln

Im § 9 hatten wir jeder nicht in 3 Geraden durch einen Punkt zerfallenden Kubik eine wohlbestimmte andere Kubik, ihre sog. Hessesche Kovariante zugeordnet. Dort war bereits ersichtlich geworden, daß dieser Begriff sich auf Kurven n-ten Grades mit $n > 3$ verallgemeinern läßt. Der durch $f = 0$ definierten Kurve k_n $(n \geqq 3)$ ist die durch

$$\left\| \frac{\partial^2 f}{\partial x_i \partial x_j} \right\| = 0 \tag{1}$$

definierte Menge der singulären Punkte von Kurven k_{n-1} des Polarennetzes zugeordnet. Dies setzt voraus, daß die Polaren von k_n überhaupt ein Netz bilden und kein Linearsystem von geringerer Dimension als 2. Zufolge § 12 bedeutet dies, daß k_n keinen Punkt von der Vielfachheit n besitzt, d. h. aus lauter Geraden durch einen gewissen Punkt S_0 besteht. Dann ist aber (1) auch nicht identisch Null, sondern stellt eine Kurve der Ordnung $3(n-2)$ dar, den Ort der Doppelpunkte der Polaren des Netzes. Im Falle $n = 3$ konnten wir ferner beweisen, daß (1) auch gleichzeitig aufgefaßt werden kann als Ort aller Punkte, deren Polare singulär ist. Bei $n > 3$ gilt dies nicht mehr, und man hat dann beide Örter wohl zu unterscheiden. Man definiert dann:

a) Die Hessesche Kurve $H(k_n)$ als Ort aller singulären Punkte von Polaren des zu k_n gehörigen Netzes.

b) Die Steinersche Kurve $S(k_n)$ als Ort aller Punkte, deren Polaren Singularitäten besitzen.

Mit der Kurve $S(k_n)$ wollen wir uns nicht weiter befassen, sondern nur erwähnen, daß sie eine Kurve der Ordnung $3(n-2)^2$ ist. Im Falle $n = 4$ der Quartiken, ist demnach die $H(k_4)$ eine Kurve der Ordnung 6 und die $S(k_4)$ eine solche der Ordnung 12.

Die wesentliche Eigenschaft der Kurve $H(k_3)$ war die, daß sie mit k_3 die Wendepunkte gemein hat. Dies verallgemeinert sich, wie wir sehen werden, auf beliebiges n. Nun gibt es aber bei den nicht zerfallenden Kubiken nur eine Art von Punkten, in denen die Tangente die Kurve in höherer Vielfachheit als 2, nämlich 3, berührt. Wir nannten diese Punkte schlechthin Wendepunkte. Bei $n > 3$ muß man jedoch auch damit rechnen, daß eine Tangente die k_n im Berührungspunkt in höherer Vielfachheit als 3 schneidet. Die Bezeichnung Wendepunkt sei für diejenigen Punkte reserviert, bei denen die genannte Vielfachheit gleich 3 ist, d. h. die Ursprung eines Zweiges der Ordnung 1 und Klasse 2 sind. Die Punkte mit noch höher berührender Tangente sind als Ausnahmeerscheinung anzusehen, und später werden nur solche Kurven betrachtet werden, bei denen sie nicht auftreten. Im folgenden Satz dürfen bei der k_n aber noch Tangenten mit beliebig hoher Berührung auftreten.

Satz 1. P_0 sei ein gewöhnlicher Punkt der Kurve k_n, der gleichzeitig auf $H(k_n)$ liegt. Dann berührt in P_0 die Tangente die Kurve k_n mindestens in der Vielfachheit 3, und umgekehrt liegt auch jeder solche Punkt gleichzeitig auf k_n und $H(k_n)$.

Beweis: Der für k_n einfache Punkt P_0 liege auf $H(k_n)$, d. h. er sei singulärer Punkt der Polare $k_{n-1}(P'_0)$ eines gewissen Punktes P'_0. Zufolge § 14, Satz 1 muß dann P'_0 auf der Tangente $T_1(P_0)$ des Punktes P_0 von k_n liegen. Weiterhin sehen wir, daß bei einfacher Berührung von $T_1(P_0)$ mit k_n in P_0 der Punkt P_0 auch für $k_{n-1}(P'_0)$ regulär ist. P_0 sollte aber für $k_{n-1}(P'_0)$ singulär sein. Also berührt $T_1(P_0)$ die Kurve k_n in P_0 in höherer Vielfachheit als 2. Anderseits fanden wir im Falle höherer Berührung von $T_1(P_0)$ in P_0 mit k_n gemäß § 14, Satz 1 auch einen Punkt P'_0 von der Eigenschaft, daß $k_{n-1}(P'_0)$ in P_0 singulär ist.

Eine wesentliche Ergänzung dieses Satzes ist der

Satz 2. P_0 sei ein gewöhnlicher Wendepunkt von k_n mit der Wendetangente $T_1(P_0)$. Dann ist P_0 auch für $H(k_n)$ regulär, und die Tangente an $H(k_n)$ in P_0 ist von $T_1(P_0)$ verschieden. Umgekehrt sei P_0 ein gemeinsamer Punkt von k_n und $H(k_n)$, der für beide Kurven regulär ist bei verschiedenen Tangenten. Dann ist P_0 für k_n gewöhnlicher Wendepunkt.

Beweis: Wir nehmen an, der betreffende Wendepunkt P_0 sei $(1, 0, 0)$ mit $x_2 = 0$ als Wendetangente. Dann lautet die Gleichung von k_n:

$$(2) \qquad f = x_0^{n-1}x_2 + x_0^{n-2}x_2(\beta_1 x_1 + \beta_2 x_2)$$
$$+ x_0^{n-3}(\gamma_0 x_1^3 + \gamma_1 x_1^2 x_2 + \gamma_2 x_1 x_2^2 + \gamma_3 x_2^3) + \cdots = 0.$$

Die Tatsache, daß $x_2 = 0$ nur gewöhnliche Wendetangente ist, bedeutet dann

$$\gamma_0 \neq 0. \tag{3}$$

Die Gleichung von $H(k_n)$ zu (2) errechnet sich zu

$$[(n-1)(n-2)\beta_1^2 x_2 - 6\gamma_0(n-1)^2 x_1]\, x_0^{3(n-2)-1} + \cdots = 0. \tag{4}$$

Dabei ist nur das Glied mit höchster x_0-Potenz hingeschrieben. Aus (4) geht hervor, daß P_0 auch für $H(k_n)$ regulär ist mit

$$(n-1)(n-2)\,\beta_1^2 x_2 - 6\gamma_0(n-1)^2 x_1 = 0 \tag{5}$$

als Gleichung der Tangente in P_0 an $H(k_n)$. Wegen (3) ist diese Gerade (4) aber von $x_2 = 0$ verschieden. Umgekehrt sei $P_0 < k_n$ ein regulärer Punkt, der auch auf $H(k_n)$ liegt. Dann muß die Tangente von k_n in P_0 zufolge Satz 1 in höherer Vielfachheit berühren. Wir können also wiederum die Gleichung von k_n in der Form (2) ansetzen. Soll P_0 auch für $H(k_n)$ regulär sein, so folgt aus (4), daß β_1 und γ_0 nicht beide verschwinden dürfen. Ist die Tangente an $H(k_n)$ in P_0 von $x_2 = 0$ verschieden, so schließen wir weiterhin aus (4), daß (3) gelten muß, womit alles bewiesen ist.

Aus Satz 1 und 2 folgt sofort folgender

Satz 3. Eine Kurve n-ten Grades ohne singuläre Punkte und solche Punkte, in denen die Tangente in höherer Vielfachheit als 3 berührt, besitzt genau $3n(n-2)$ gewöhnliche Wendepunkte.

Die Verallgemeinerung dieses Satzes auf den Fall, wo man auch noch gewöhnliche Singularitäten bei k_n zuläßt, ergibt die Plückersche Formel, die wir in diesem Abschnitt ableiten wollen. Es ist leicht zu sehen, daß $H(k_n)$ durch jeden singulären Punkt von k_n geht, die Schnittvielfachheit zwischen k_n und $H(k_n)$ in einem singulären Punkt berechnet sich jedoch etwas schwieriger. Es ist hierzu bequemer, mit nicht homogenen Koordinaten zu arbeiten. Dazu benötigen wir folgenden

Hilfssatz. Die Hessesche Kurve einer in affinen Koordinaten durch $\varphi(x,y)=0$ definierten Kurve k_n hat die Gleichung:

$$(6)\qquad \begin{vmatrix} \frac{\partial^2\varphi}{\partial x^2}, & \frac{\partial^2\varphi}{\partial x\partial y}, & (n-1)\frac{\partial\varphi}{\partial x} \\ \frac{\partial^2\varphi}{\partial x\partial y}, & \frac{\partial^2\varphi}{\partial y^2}, & (n-1)\frac{\partial\varphi}{\partial y} \\ \frac{\partial\varphi}{\partial x}, & \frac{\partial\varphi}{\partial y}, & n\varphi \end{vmatrix} = 0.$$

Beweis: k_n habe in homogenen Koordinaten die Gleichung $f(x_0, x_1, x_2) = 0$, so daß

$$f(1, x, y) = \varphi(x, y)$$

ist. Man beachte jetzt die Eulerformeln

$$(7)\qquad x_0\frac{\partial f}{\partial x_0} + x_1\frac{\partial f}{\partial x_1} + x_2\frac{\partial f}{\partial x_2} = nf$$

$$x_0\frac{\partial^2 f}{\partial x_i\partial x_0} + x_1\frac{\partial^2 f}{\partial x_i\partial x_1} + x_2\frac{\partial^2 f}{\partial x_i\partial x_2} = (n-1)\frac{\partial f}{\partial x_i}$$

und kombiniere Zeilen und Spalten der Determinante (1) geeignet so, daß man (7) mehrfach anwenden kann. Bei Übergang zu den affinen Koordinaten ergibt sich dann (6).

Satz 4. a) S_0 sei ein Doppelpunkt der Kurve k_n und Ursprung von 2 linearen Zweigen der Klasse 1. Dann schneiden sich k_n und $H(k_n)$ in S_0 mit der Vielfachheit 6. b) S_0 sei eine gewöhnliche Spitze von k_n; dann schneiden sich k_n und $H(k_n)$ in S_0 mit der Vielfachheit 8.

Beweis: a) S_0 sei der Ursprung der affinen Koordinaten mit $x=0$ und $y=0$ als den Doppelpunktstangenten. Die Gleichung von k_n lautet dann:

$$(8)\qquad \varphi = xy + \alpha_0 x^3 + 3\alpha_1 x^2 y + 3\alpha_2 xy^2 + \alpha_3 y^3 + \cdots,$$

wobei wir nur die uns interessierenden Glieder vom Grade 2 und 3 hingeschrieben haben. Die weitere Voraussetzung über die Tangenten $x=0$ und $y=0$ besagt offenbar, daß

$$(9)\qquad \alpha_0 \neq 0,\ \alpha_3 \neq 0$$

ist. Die Gleichung (6) von $H(k_n)$ errechnet sich dann in ihren niedrigsten Gliedern zu:

$$H = xy + \frac{n}{n-2}\alpha_0 x^3 + \beta_1 x^2 y + \beta_2 x y^2 + \frac{n}{n-2}\alpha_3 y^3 + \cdots \tag{10}$$

Wir sehen, daß $H(k_n)$ gleichfalls in S_0 einen Doppelpunkt besitzt mit den gleichen Tangenten wie k_n. Die beiden Zweige mit dem Ursprung S_0 haben dann die Gleichungen:

$$y = -\frac{n}{n-2}\alpha_0 x^2 + \cdots \tag{11}$$
$$x = -\frac{n}{n-2}\alpha_3 y^2 + \cdots.$$

Es sind wegen (9) gleichfalls Zweige der Ordnung und Klasse 1. Die Schnittvielfachheiten dieser Zweige (11) mit k_n in S_0 errechnen sich beide zu 3, so daß also die gesamte Vielfachheit zwischen k_n und $H(k_n)$ in S_0, wie behauptet, gleich 6 ist.

b) Wir nehmen beim Beweis den Fall $n = 3$ vorweg. Zufolge § 5 kann man jede Kubik k_3 mit Spitze in geeigneten Koordinaten durch die Gleichung

$$y^2 + x^3 = 0 \tag{12}$$

beschreiben. $H(k_3)$ zu (12) errechnet sich dann als zerfallende Kubik mit der Gleichung

$$y^2 x = 0, \tag{13}$$

deren Schnitt mit k_3 aus dem singulären Punkt 0 und dem Fernpunkt F_0 der y-Achse besteht. Es ist sofort zu sehen, daß F_0 als Schnitt von k_3 mit $H(k_3)$ einfach zählt, 0 muß also die Vielfachheit 8 besitzen, da nach dem Bézoutschen Satz die Summe beider Vielfachheiten $= 9$ sein muß. Weiterhin sei jetzt $n > 3$ vorausgesetzt. Die Gleichung der k_n mit Spitze im Ursprung habe in geeigneten affinen Koordinaten die Gleichung:

$$(13)\quad f = y^2 + \alpha_0 x^3 + 3\alpha_1 x^2 y + 3\alpha_2 x y^2 + \alpha_3 y^3 + \cdots = 0 \qquad (\alpha_0 \neq 0).$$

Die Gleichung von $H(k_n)$ lautet dann in den für uns wesentlichen Gliedern:

$$(14)\quad -12(n-2)(\alpha_0 x + \alpha_1 y)y^2 - 6(n-3)\alpha_0^2 x^4 + \cdots = 0.$$

Gemäß (14) besitzt $H(k_n)$ in 0 einen dreifachen Punkt. Gemäß § 17 ergibt sich aus dem Newtondiagramm von (14), daß 0 Ursprung von 2 Zweigen auf $H(k_3)$ ist mit folgenden Anfangsgliedern ihrer Reihen:

$$(15)\quad x = -\frac{\alpha_1}{\alpha_0} y + \beta_2 y^2 + \cdots$$

$$(16)\quad y = -\sqrt{\frac{n-3}{2(n-2)}\alpha_0}\, x^{3/2} + \cdots$$

Die zur Bestimmung der Anfangsglieder in (15) und (16) führenden Polynome haben keine mehrfachen Wurzeln, und daher wissen wir gemäß § 17: Die Reihe (15) verläuft weiter nach ganzen Potenzen von y und die Reihe (16) nach Potenzen von $x^{1/2}$, so daß also (15) einen linearen Zweig und (16) einen Spitzenzweig festlegen. Weitere Zweige mit dem Ursprung 0 kann jedoch $H(k_n)$ nicht besitzen, da 0 sonst für $H(k_n)$ von höherer Vielfachheit als 3 wäre. Durch Einsatz von (15) und (16) in (13) ergeben sich die Zahlen 2 und 6 als Schnittvielfachheiten dieser Zweige mit k_n. Zufolge Satz 2 in § 16 ist daher auch der Teil b) unseres Satzes bewiesen.

Nunmehr ergibt sich aus den bewiesenen Sätzen im folgenden sofort die gewünschte Plückerformel:

Satz 5. Gegeben sei eine nicht zerfallende Kurve k_n der Ordnung n mit folgenden Eigenschaften: 1) k_n besitzt höchstens gewöhnliche Singularitäten, und zwar d Doppelpunkte und s Spitzen, wobei noch verlangt wird, daß die Doppelpunkte Ursprung von je 2 linearen Zweigen der Klasse 1 sind.

2) k_n hat nur w gewöhnliche Wendepunkte und keine solchen Punkte, in denen die Tangente in höherer Vielfachheit als 3 berührt. Dann ist

$$w = 3n(n-2) - 6d - 8s. \tag{17}$$

Zum Schluß wollen wir noch das duale Gegenstück von Satz 5 formulieren. Spitze und Wendetangente stehen sich dual gegenüber. Den Doppelpunkten mit der Zusatzbedingung von Satz 5 stehen solche Geraden gegenüber, die gleichzeitig Tangenten im Ursprung von genau 2 Zweigen der Ordnung und Klasse 1 sind, d. h. es handelt sich um Geraden, die gewöhnliche Tangenten in zwei verschiedenen Punkten sind. Wir wollen sie kurz Doppeltangenten nennen. Dann lautet das duale Gegenstück zu Satz 5:

Satz 6. Gegeben sei eine Kurve k_n der Klasse m, mit der das Dualgebilde $\hat{k}_m$ verbunden ist und die folgenden Eigenschaften hat: 1) $\hat{k}_m$ hat höchstens gewöhnliche Singularitäten und zwar δ Doppeltangenten und σ Wendetangenten, 2) k_n hat nur s Spitzen als einzige Punkte, die Ursprung nichtlinearer Zweige auf k_n sind. Dann gilt

$$s = 3m(m-2) - 6\delta - 8\sigma. \tag{18}$$

§ 19. Linearscharen und Schnittpunktsätze algebraischer Kurven

Zu tieferen Einsichten in die Geometrie auf einer algebraischen Kurve gelangt man, wenn man diese mit allen Kurven einer Linearschar schneidet. Was man unter einer Linearschar oder einem linearen System von Kurven der Ordnung n zu verstehen hat, war bereits in § 13 definiert worden. Basispunkte einer Linearschar nennt man solche Punkte, die allen Kurven der Schar gemeinsam sind. Ersichtlich besitzen die Büschel, d. h. die ∞^1-Scharen, stets Basispunkte, bei den ∞^d-Scharen mit $d > 1$ ist dies nicht mehr der Fall. Nun sind aber Linearsysteme mit Basispunkten von besonderer Bedeutung für die Geometrie algebraischer Kurven, und man definiert wichtige Klassen von Linearscharen auch als Gesamtheit aller Kurven der Ordnung n mit bestimmtem Basisverhalten, wofür man auch Basispostulation sagt. Darunter ist genauer folgendes zu verstehen: Es wird eine endliche Zahl von Punkten der Ebene vorgegeben, und man definiert die Gesamtheit der k_n, die in jedem dieser Punkte ein vorgeschriebenes Verhalten zeigen. Ist A_0 ein Basispunkt, so besteht dies Verhalten zunächst stets darin, daß $k_n > A_0$ gilt. Darüber hinaus kann man verlangen, daß die k_n in A_0 einen s-fachen Punkt ($s > 1$) besitzen oder daß sie einen Zweig mit dem Ursprung A_0 und noch weiterhin vorgegebenen Geraden $A_1 < A_0$ als Tangente haben. Statt dessen kann man aber auch allgemeiner verlangen, daß die k_n einen oder mehrere gegebene Zweige mit dem Ursprung A_0 in einer bestimmten Mindestvielfachheit schneiden. Diese sog. Basisbedingungen müssen „linear" sein, d. h. mit 2 verschiedenen Kurven k_n und k_n' haben alle Kurven des von k_n und k_n' aufgespannten Büschels die betreffende Bedingung zu erfüllen. Eine solche lineare Bedingung liegt z. B. nicht vor, wenn man verlangt, die k_n sollen eine Gerade A_1 berühren, ohne daß der Berührungspunkt auf A_1 gleichfalls vorgegeben ist. Wir verzichten darauf, genauer auf diese Dinge einzugehen und erwähnen nur die Tatsache: Für hinreichend großes n gibt es stets Kurven k_n, die eine beliebige endliche Zahl solcher linearer Bedingungen erfüllen. Besonders ausgezeichnet ist der Fall, wo es nur eine Kurve k_n zu vorgegebenen Bedingungen gibt, d. h. k_n dadurch bestimmt ist. So etwas liegt z. B. bei $n = 2$ vor, wenn man 5 Punkte vergibt, von denen höchstens 3 auf einer Geraden liegen; dann gibt es bekanntlich genau einen Kegelschnitt durch diese Punkte. Diese Tatsache wird in der elementaren Geometrie auf verschiedene Weise bewiesen und rührt daher, daß die Kegelschnitte der Ebene von 5 Parametern abhängen. Mit dem systematischen Studium algebraischer Kurven höheren Grades stellte man sich auch bald die Aufgabe, allgemein die Kurven k_n durch Punkte festzulegen. Bei $n = 3$ liegt nun folgender Sachverhalt vor: Die Kubiken hängen von 9 Parametern ab, und man hat demnach auch zu erwarten, daß durch 9 vorgegebene Punkte genau eine Kubik geht. Dies ist auch im allgemeinen richtig, jedoch bei gewissen speziellen Lagen der 9 Punkte gibt es mehr als eine Kubik durch sie. Eine solche Lage liegt vor, wenn die 9 Punkte der Durchschnitt von 2 verschiedenen Kubiken k_3 und k_3' sind. Solche Systeme von 9 Punkten nennt man auch Gruppen assoziierter Punkte. Sie haben die Eigenschaft, daß 8 ihrer Punkte den 9. Punkt bereits festlegen. Diese Tatsache, daß 9 Punkte mitunter mehr als eine Kubik bestimmen sowie die gleich zu behandelnden Analoge davon für $n > 3$ erschien den älteren Geometern so merkwürdig, daß man sie als „Cramersches Paradoxon" bezeichnete nach Cramer (1750). Um dies Paradoxon für beliebiges n zu formulieren, benötigen wir vorher noch folgende Überlegung. In der Ebene seien wieder projektive Koordinaten (x_0, x_1, x_2) eingeführt, so daß die Gleichung einer Kurve k_n durch

$$(1) \qquad \sum_{i_0+i_1+i_2=n} a_{i_0 i_1 i_2} x_0^{i_0} x_1^{i_1} x_2^{i_2} = 0$$

festgelegt ist. Verlangt man von einer k_n, den Punkt $A_0(\alpha_0, \alpha_1, \alpha_2)$ zu enthalten, so bedeutet das, die Koeffizienten $a_{i_0 i_1 i_2}$ ihrer Gleichung (1) haben die Bedingung

$$(2) \qquad \sum a_{i_0 i_1 i_2} \alpha_0^{i_0} \alpha_1^{i_1} \alpha_2^{i_2} = 0$$

zu erfüllen, und alle $k_n > A_0$ bilden ein lineares $\infty^{1/2\, n(n+3)-1}$-System. Hat man nun h verschiedene Punkte der Ebene vorgegeben, so ergeben sich h Bedingungen der Art (2), und wir wollen sagen:

Definition: Die h Punkte $A^{(1)}, \ldots, A^{(h)}$ liegen allgemein hinsichtlich der Kurven n-ten Grades, wenn die h zugehörigen Bedingungen (2) linear unabhängig sind. Da die Zahl der homogenen Variablen $(a_{i_0 i_1 i_2})$ in (2) gleich $\binom{n+2}{2}$ ist, hat die Aussage der allgemeinen Lage von h Punkten hinsichtlich der Kurven n-ten Grades nur bei $h \leqq \binom{n+2}{2}$ einen Sinn. Es ergibt sich leicht folgender

Satz 1. Gegeben seien h Punkte $A^{(1)}, \ldots, A^{(h)}$ von allgemeiner Lage hinsichtlich der Kurven n-ten Grades. Dann gilt:

a) Bei $h = \binom{n+2}{2}$ gibt es keine $k_n > A^{(1)}, \ldots, A^{(h)}$.

b) Bei $h = \binom{n+2}{2} - 1 = \frac{1}{2} n(n+3)$ gibt es genau eine $k_n > A^{(1)}, \ldots, A^{(h)}$.

c) Bei $h < \frac{1}{2} n(n+3)$ bildet die Gesamtheit aller $k_n < A^{(1)}, \ldots, A^{(h)}$ ein $\infty^{1/2\, n(n+3)-h}$-dimensionales Linearsystem.

Beweis: Die Behauptungen beweist man sofort durch elementare Schlüsse der linearen Algebra. Zweckmäßig ist es hierbei, den projektiven Raum P_m von $m = \frac{1}{2} n(n+3)$ Dimensionen zu benutzen, dessen Koordinaten die Koeffizienten $(a_{i_0 i_1 i_2})$ in (2) sind. Dann ist jedem Punkt $A^{(j)}$ eine Hyperebene

$$P_{m-1}(A^{(j)}) < P_m$$

zugeordnet, und die h Punkte $A^{(i)}$ liegen allgemein bezüglich der Kurven n-ten Grades, wenn die zugeordneten h Hyperebenen $P_{m-1}(A^{(j)})$ einen P_{m-1-h} als Durchschnitt besitzen.

Nunmehr können wir den folgenden Satz aussprechen, der das Cramersche Paradoxon für Kurven n-ten Grades genannt werden kann.

Satz 2. Gegeben seien die $\frac{1}{2} n(n+3) - 1$ Punkte

$$(3) \qquad A^{(1)}, A^{(2)}, \ldots, A^{(m-1)} \left(m = \frac{n}{2}(n+3);\ (n \geqq 3)\right)$$

von allgemeiner Lage hinsichtlich der Kurven n-ten Grades. Dann gibt es insgesamt g Punkte

$$(4) \qquad A^{(1)}, \ldots, A^{(m-1)}, B^{(m)}, \ldots, B^{(g)}$$
$$(m - 1 \leqq g \leqq n^2)$$

derart, daß alle Kurven n-ten Grades durch (3) bei $g > m - 1$ von selber auch $B^{(m)}, \ldots B^{(g)}$ enthalten.

Beweis: Nach Voraussetzung und Satz 1 bildet die Gesamtheit aller k_n durch (3) ein Büschel, das durch k_n und k_n' aufgespannt werden möge. Wir zeigen zunächst, daß k_n und k_n' und damit alle Büschelkurven keine Kurve k_l niederen Grades $l < n$ gemein haben können. Wäre dies der Fall, so würden alle in k_l und eine beliebige k_{n-l} zerfallenen Kurven n-ten Grades die Punkte (3) enthalten. Diese so zerfallenden Kurven hängen aber von $\frac{1}{2}(n-l)(n-l+3)$ Parametern ab, bilden also bei $l < n$ kein Büschel mehr. Zufolge des Satzes von Bézout haben daher k_n und k_n' höchstens n^2 Punkte gemein, deren Vielfachheitssumme n^2 beträgt. Hierunter kommen auch die $A^{(i)}$ vor, womit alles gezeigt ist.

Im allgemeinen wird in (4) $g = n^2$ sein. Dann zählt jeder der Punkte (4) unter den Schnittpunkten zweier beliebigen k_n einfach. Der Satz 2 besagt dann, daß durch Vorgabe von $\frac{1}{3}n(n+3) - 1$ Punkten „allgemeiner Lage" weitere $\binom{n-1}{2}$ Punkte festgelegt sind. Die zahlreichen Möglichkeiten, wo in (4) $g < n^2$ ist, wurden in der älteren Literatur meist nicht berücksichtigt oder, wie immer in solchen Fällen, durch stetiges Zusammenrücken gewisser der n^2 Punkte des allgemeinen Falls erklärt.

Ein sehr einfaches Beispiel für eine Gruppe von $9 (= 3^2)$ Punkten, von denen 8 im Sinne von Satz 2 den 9. Punkt festlegen, bilden die Punkte mit folgenden affinen Koordinaten:

$$(0, 0), (0, \pm a), (\pm a, 0), (\pm a, \pm a), \quad (a \neq 0).$$

Das zugehörige Büschel ist: $\lambda x (x^2 - a^2) + \mu y (y^2 - a^2) = 0$.

Folgende Verallgemeinerung von Satz 2 stammt von Plücker (1836):

Satz 3. Gegeben seien die natürlichen Zahlen n, m mit $n \geqq m \geqq 3$ sowie eine nicht zerfallende Kurve $\tilde{k}_m$ und auf ihr die Punkte

$$(5) \qquad A^{(1)}, \ldots, A^{(g)} \quad \left(g = mn - \frac{1}{2}(m-1)(m-2)\right)$$

von allgemeiner Lage hinsichtlich der Kurven n-ten Grades: Dann gibt es zusammen mit (5) insgesamt $g + h$ Punkte

$$(6) \qquad A^{(1)}, \ldots, A^{(g)}, B^{(1)}, \ldots, B^{(h)}$$

derart, daß alle k_n durch (5) von selber auch alle Punkte (6) enthalten.

Beweis: Bei $n = m$ fällt der Satz 3 mit Satz 2 zusammen. Es sei daher $n > m$ angenommen. Nach Voraussetzung bilden alle Kurven k_n, die (5) enthalten, eine $\infty^{1/2\, n(n+3)-g}$ Schar L^A. Hierunter gibt es als Teilmenge die Schar $L^{(n-m)}$ aller derjenigen k_n, die in $\tilde{k}_m$ und eine beliebige Kurve $n-m$-ten Grades k_{n-m} zerfallen. Diese bilden eine Schar, die von $\frac{1}{2}(n-m)(n-m+3)$ Parametern abhängt. Es ist nun $\frac{1}{2}(n-m)(n-m+3)+1 = \frac{1}{2}n(n+3)-g$. Die Dimension der Schar L^A ist demnach um eine Einheit größer als die von $L^{(n-m)}$, und es muß daher Kurven geben, die L^A und nicht $L^{(n-m)}$ angehören; k_n' sei eine solche mit der Gleichung $f_n' = 0$. Die Gleichung von $\tilde{k}_m$ sei $\tilde{f}_m = 0$. Dann werden die Kurven der Schar L^A durch

$$(7) \qquad \tilde{f}_m \sum_{i_0+i_1+i_2=n-m} a_{i_0 i_1 i_2} x_0^{i_0} x_1^{i_1} x_2^{i_2} + b f_n' = 0$$

bei beliebigen $a_{i_0 i_1 i_2}$ und b beschrieben. Der Durchschnitt von k_n' und $\tilde{k}_m$ besteht nun nach dem Bézoutschen Satz aus $g+h$ Punkten mit der Vielfachheitssumme $n \cdot m$. Diese Punkte seien (6). Dann folgt sofort, daß jede Kurve k_n mit einer Gleichung (7) auch (6) enthält.

Wiederum ist der „allgemeine“ Fall jetzt der, daß die im Beweis des Satzes auftretenden Vielfachheiten alle $= 1$

sind und somit $g + h = nm$ in (6). Das einfachste Beispiel für den Satz liegt bei $n = 4$, $m = 3$ vor. Dann hat man von 11 Punkten auf einer Kubik k_3 auszugehen. Diese bestimmen einen im allgemeinen davon verschiedenen 12. Punkt auf k_3 von der Eigenschaft, daß alle Quartiken durch die 11 Punkte auch den 12. Punkt enthalten.

Man nennt nun diejenigen Punktmengen, die durch die Kurven einer Linearschar aus der irreduziblen Kurve k_n ausgeschnitten werden, Punktgruppenscharen auf k_n. Unter Punktgruppe versteht man dabei lediglich eine Gesamtheit von endlich vielen Punkten auf k_n, wobei die Punkte manchmal noch mit gewissen Vielfachheiten größer als 1 zu rechnen sind und bei den singulären Punkten für die Punkte die „Stellen“ zu setzen sind. Wir können auf diese Dinge nicht weiter eingehen und erwähnen nur, daß (6) eine solche Punktgruppe ist. Sie gehört der durch (7) aus der k_m ausgeschnittenen Punktgruppenschar an. Der Satz 3 kann auch so ausgesprochen werden: Die Punkte (5) legen bereits eine Gruppe der genannten Punktgruppenschar fest.

§ 20. Geschlecht algebraischer Kurven mit gewöhnlichen Singularitäten und kanonische Schar

Jeder ebenen algebraischen Kurve sind in ihrer Ordnung und Klasse 2 projektiv wesentliche ganzzahlige Charaktere zugeordnet. Weitere derartige Zahlen, die sich alle bei projektiven Transformationen nicht verändern, wären etwa die Zahl der Singularitäten der einen oder anderen Art, wie sie in den Plückerformeln auftreten. Im 19. Jahrhundert hat man diesen projektiven Charakteren eine weitere wesentlich wichtigere Zahl, das sog. Geschlecht p algebraischer Kurven hinzugefügt. Wir müssen im Rahmen dieses Büchleins darauf verzichten, diese Zahl p mit Hilfe tiefergehender topologischer oder algebraischer Betrachtungen einzuführen. Es läßt sich jedoch für Kurven, die höchstens gewöhnliche Singularitäten besitzen und auf die sich auch die Plückerformeln beschränken, leicht definieren. Zuvor benötigen wir dazu noch folgenden

Satz 1. Eine irreduzible algebraische Kurve k_n der Ordnung n kann nicht mehr als $\binom{n-1}{2}$ singuläre Punkte besitzen $(n > 2)$.

Beweis: Für die Kubiken $(n = 3)$ haben wir diesen Satz bereits in § 2 bewiesen. Wir nehmen jetzt an, k_n sei eine irreduzible Kurve der Ordnung n mit den singulären Punkten

(1) $$A^{(0)}, A^{(1)}, \ldots, A^{1/2\,(n-1)\,(n-2)} .$$

Außer (1) nehmen wir bei $n > 3$ noch weitere $n - 3$ davon verschiedene Punkte $B^{(1)}, \ldots, B^{(n-3)}$ auf k_n an. Durch die $\frac{1}{2}(n-2)(n+1)$ Punkte

(2) $$A^{(0)}, A^{(1)}, \ldots, A^{1/2\,(n-1)(n-2)}, B^{(1)}, \ldots, B^{(n-3)}$$

gibt es dann mindestens eine Kurve $n - 2$-ten Grades k_{n-2}. Dabei kann k_{n-2} zerfallen; wegen der vorausgesetzten Irreduzibilität von k_n können jedoch k_n und k_{n-2} keine Teilkurve von k_{n-2} gemein haben. k_n und k_{n-2} haben also endlich viele Punkte gemeinsam, wozu die Punkte (2) gehören. Da nun die $A^{(i)}$ singulär sein sollten für k_n, beträgt in ihnen die Schnittvielfachheit zwischen k_n und k_{n-2} mindestens 2, so daß die Summe aller Vielfachheiten in den Punkten (2) mindestens

$$(n-1)(n-2) + 2 + n - 3 = n(n-2) + 1$$

beträgt, was gegen den Bézoutschen Satz verstößt. Die Annahme der Existenz von $\binom{n-1}{2} + 1$ singulären Punkten ist also falsch.

Wir geben jetzt folgende

Definition 1. k_n sei eine Kurve der Ordnung n, die höchstens gewöhnliche Singularitäten besitze, und zwar d Doppelpunkte und s Spitzen. Dann sagt man, k_n habe das Geschlecht p mit

(3) $$p = \frac{1}{2}(n-1)(n-2) - s - d .$$

Diese Definition leidet ebenso wie der Gültigkeitsbereich der Plückerformeln daran, daß wir dabei auf Kurven mit gewöhnlichen Singularitäten beschränkt sind. Um auch für Kurven mit höheren Singularitäten auf diesem Wege die Zahl p zu erklären, muß man wissen, wieviel gewöhnlichen singulären Punkten eine höhere Singularität äquivalent ist, worauf wir uns hier jedoch nicht einlassen können; nur den gewöhnlichen s-fachen Punkt können wir wie bei früheren Gelegenheiten so auch jetzt leicht als zu $\binom{s}{2}$ Doppelpunkten äquivalent erklären.

Zufolge Satz 1 ist das durch (3) erklärte Geschlecht p niemals negativ. Man kann auch sagen: p ist die Differenz zwischen der Höchstzahl singulärer Punkte, die eine Kurve der Ordnung n besitzen kann und derjenigen Zahl, die k_n wirklich hat. Hieraus erklärt sich die Bezeichnung „deficiency", d. h. Defekt für p bei den englischen Mathematikern des 19. Jahrhunderts.

Das duale Gegenstück zur Definition 1 ist folgende

Definition 2. Der Kurve k_m der Klasse m, die nur gewöhnliche Liniensingularitäten, und zwar δ Doppeltangenten und σ Wendetangenten besitzt, wird das durch

$$\pi = \frac{1}{2}(m-1)(m-2) - \delta - \sigma \tag{4}$$

berechnete Geschlecht π zugeordnet.

Eine Verbindung zwischen Definition 1 und 2 stellt dann her der folgende

Satz 2. k_n sei eine Kurve der Ordnung n und Klasse m und besitze als singuläre Punkte höchstens d Doppelpunkte und s Spitzen. Das mit k_n verbundene Dualgebilde $\hat{k}_m$ habe an Liniensingularitäten höchstens δ Doppeltangenten und σ Wendetangenten. Dann stimmen die für k_n und $\hat{k}_m$ je mittels (3) und (4) definierten Zahlen p und π überein.

Beweis: Auf Grund der ersten Plückerformel gilt:

$$m = n(n-1) - 2d - 3s. \tag{5}$$

Durch Elimination von d zwischen (3) und (5) folgt:

$$2p = m - 2(n-1) + s. \tag{6}$$

Dual hierzu ergibt sich:

(7) $$2\pi = n - 2(m - 1) + \sigma.$$

Ferner gilt nach der zweiten Plückerformel:

(8) $$\sigma = 3n(n - 2) - 6d - 8s.$$

Durch Elimination von d zwischen (5) und (8) folgt:

(9) $$\sigma = 3m - 3n + s.$$

Dies in (7) eingesetzt, ergibt durch Vergleich mit (6): $\pi = p$.

Im vorigen Abschnitt hatten wir den Begriff der Punktgruppenschar kurz erwähnt. Eine besonders wichtige Schar dieser Art, die sog. kanonische Schar, können wir im Anschluß an die Überlegungen dieses Abschnitts, wenigstens für Kurven, denen wir ein Geschlecht $p > 1$ zuordnen können, definieren.

Definition 3. Gegeben sei eine Kurve k_n mit nur gewöhnlichen Singularitäten und $p > 1$. Die durch alle singulären Punkte von k_n gehenden Kurven k_{n-3} heißen zu k_n adjungiert. Diese adjungierten Kurven bilden dann eine ∞^{p-1}-Linearschar, und eine adjungierte k_{n-3} schneidet aus der k_n außerhalb der singulären Punkte „im allgemeinen" noch $2p - 2$ Punkte aus. Die dadurch definierte Punktgruppenschar auf k_n heißt die kanonische Schar.

Besonders einfach ist die kanonische Schar bei singularitätenfreien Kurven k_n. Zum Beispiel hat eine Quartik ohne singuläre Punkte das Geschlecht $p = 3$; die adjungierten Kurven sind die Geraden.

§ 21. Rationale Kurven, insbesondere solche 4. Grades und quadratische Cremonatransformationen

Algebraische Kurven mit $p = 0$ nennt man auch rational, solche mit $p = 1$ elliptisch. Den rationalen Kurven soll dieser Abschnitt gewidmet sein. Nun hatten wir bereits früher solche Kurven rational genannt, die eine rationale Parameterdarstellung besitzen. Es ist daher zuerst unsere Aufgabe nachzuweisen, daß alle Kurven, denen wir gemäß § 20 das Geschlecht $p = 0$ zugeordnet hatten, auch eine rationale Parameterdarstellung besitzen. Zunächst stimmt dies gewiß für alle Geraden und Kegelschnitte. Auch die Kubiken mit Doppelpunkt oder Spitze, den einzig möglichen Singularitäten, wenn die Kurven nicht zerfallen, haben gemäß § 4 eine rationale Parameterdarstellung, anderseits ist für sie $p = 0$. Der folgende Satz braucht daher nur für $n > 3$ bewiesen zu werden.

Satz 1. Jede nicht zerfallende Kurve k_n vom Grade n mit der Höchstzahl $\frac{1}{2}(n-1)(n-2)$ von singulären Punkten besitzt eine rationale Parameterdarstellung.

Beweis: $k_n (n > 3)$ besitze die $\frac{1}{2}(n-1)(n-2)$ singulären Punkte $A^{(1)}, \ldots, A^{(^1/_2 (n-1)(n-2))}$. Außerhalb derselben nehmen wir auf k_n noch $n-3$ Punkte $B^{(1)}, \ldots, B^{(n-3)}$ an und betrachten das Linearsystem L aller Kurven $n-2$-ten Grades durch sämtliche Punkte $A^{(i)}$ und $B^{(j)}$. Man rechnet als Dimension d von L sofort aus: $d \geq 1$. Wäre nun $d > 1$, so gäbe es eine Kurve $k_{n-2} < L$, die außer den $A^{(i)}$ und $B^{(j)}$ noch die weiteren Punkte $C^{(1)}, C^{(2)} > k_n$ enthält. Dann wäre aber die Summe der Schnittvielfachheiten aller Schnittpunkte von k_n und k_{n-2} mindestens gleich:

$$(n-1)(n-2) + n - 1 = (n-1)^2 > n(n-2),$$

da die $A^{(i)}$ hierzu wenigstens den Beitrag 2 liefern. Da k_n nicht zerfällt, kann k_{n-2} keine Teilkurve mit k_n gemein haben, und der Bézoutsche Satz lehrt, daß die genannte Vielfachheitssumme gleich $n(n-2)$ sein muß. Das System L ist also ein Büschel, und die Gleichungen seiner Kurven können in der Gestalt

$$\lambda f_{n-2} + \mu \varphi_{n-2} = 0 \tag{1}$$

geschrieben werden. Ist $P_0(p_0, p_0, p_2)$ ein zunächst von den $A^{(i)}$ und $B^{(j)}$ verschiedener Punkt von k_n, so gibt es genau eine durch P_0 gehende Büschelkurve. Die zugehörigen λ, μ berechnen sich aus (1) zu

$$\lambda = -\varphi_{n-2}(p_0, p_1, p_2), \quad \mu = f_{n-2}(p_0, p_1, p_2), \tag{2}$$

und die rechten Seiten hierin verschwinden nicht beide. Dadurch sind den $P_0 = A^{(i)}$ und $B^{(j)}$ wohlbestimmte Punkte der Geraden X_1 mit den Koordinaten (λ, μ) zugeordnet. Umgekehrt sei $X_0 < X_1$ gegeben, so entspricht X_0 die Kurve $k_{n-2}(X_0)$ des Büschels (1). Diese schneidet k_n in den Punkten $A^{(i)}$ und $B^{(j)}$ und hat nach dem Bézoutschen Satz mit k_n Schnittpunkte von der Vielfachheitssumme $n(n-2)$ gemein. Zu dieser Summe liefern die $A^{(i)}$ und $B^{(j)}$, wie wir oben abschätzten, bereits mindestens den Beitrag $(n-2)^2$, so daß nur noch eine Einheit für die Summe übrig bleibt. Diese kann nur auf folgende Weisen zustande kommen:

a) von einem Punkt $P_0 = A^{(i)}, B^{(j)}$, wobei dann k_n und $k_{n-2}(X_0)$ sich in P_0 einfach schneiden, b) von einem Punkt $B^{(j)}$, wobei dann k_n und $k_{n-2}(X_0)$ sich in $B^{(j)}$ einfach berühren, c) von einem Punkt $A^{(i)}$, worin dann die Schnittvielfachheit zwischen k_n und $k_{n-2}(X_0)$ statt 2 die Zahl 3 ist. Diese 3 kann aber nur zustandekommen, wenn $A^{(i)}$ für $k_{n-2}(X_0)$ einfach ist und die Tangente an $k_{n-2}(X_0)$ in $A^{(i)}$ mit einer der Doppelpunkts- bzw. der Spitzentangenten von k_n zusammenfällt. Alle diese Möglichkeiten a), b), c) sind auch für geeignete $X_0 < X_1$ zu erreichen. Algebraisch ergeben sich die Koordinaten des jeweils veränderlichen Schnittpunkts von k_n und $k_{n-2}(X_n)$ als rational abhängig von λ, μ. Dies folgt etwa durch zweimalige Bildung der Resultante von $f = 0$ und (1) nach x_1 und x_2 — die Koordinaten geeignet vorausgesetzt. Diese Resultanten hängen rational von λ, μ ab, und von ihren Wurzeln sind jeweilig alle bekannt bis auf eine. Als Beispiel hierzu nehmen wir die Bernouillische Lemniskate mit der Gleichung

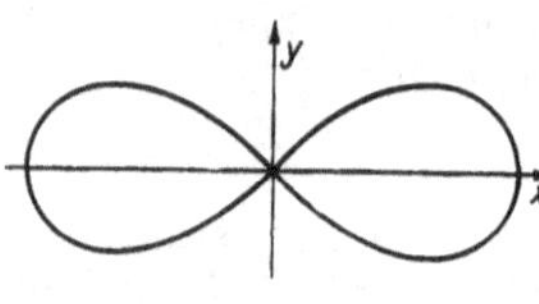

Abb. 25

$$(3) \qquad (x^2 + y^2)^2 - a^2(x^2 - y^2) = 0 \quad (a \neq 0).$$

Sie hat im Ursprung und in den unendlich fernen Kreispunkten Singularitäten (s. Bild 25). Das Netz der Kegelschnitte durch diese 3 Punkte ist also das der Kreise durch den Ursprung 0. Wir nehmen noch den Punkt $A(a, 0)$ der Kurve (3) hinzu und haben dann die Kreise des durch 0 und A bestimmten Büschels:

$$(4) \qquad \lambda(x^2 + y^2 - ax) + \mu y = 0$$

mit (3) zu schneiden. In leichter Rechnung ergeben sich die Koordinaten des restlichen, im allgemeinen von 0 und A verschiedenen Schnittpunkts des Büschelkreises (4) mit (3) zu

$$(5) \quad x = \frac{a(\mu^2 + a^2\lambda^2)(a^2\lambda^2 - \mu^2)}{\mu^4 + 6a^2\mu^2\lambda^2 + a^4\lambda^4}, \quad y = \frac{2a^2\lambda\mu(a^2\lambda^2 - \mu^2)}{\mu^4 + 6a^2\mu^2\lambda^2 + a^4\lambda^4}.$$

In (5) haben wir somit die Parameterdarstellung der Lemniskate (3) gewonnen.

Wir wollen uns jetzt noch der wichtigen und leicht überblickbaren Klasse der rationalen Quartiken mit gewöhnlichen Singularitäten zuwenden. Zufolge Satz 1 haben solche Quartiken 3 singuläre Punkte. Diese dürfen gewiß nicht auf einer Geraden k_1 liegen, da dann k_4 in k_1 und eine Kubik zerfallen würde. Die 3 singulären Punkte $A^{(0)}, A^{(1)}$ und $A^{(2)}$ von k_4 können somit als Eckpunkte eines projektiven Koordinatensystems genommen werden. In diesem System hat jede k_4, die in den $A^{(i)}$ singulär ist, eine Gleichung der Art:

$$(6) \quad \begin{aligned} f = a_{00}x_1^2x_2^2 + 2a_{01}x_0x_1x_2^2 + 2a_{02}x_0x_1^2x_2 + a_{11}x_0^2x_2^2 \\ + 2a_{12}x_0^2x_1x_2 + a_{22}x_0^2x_1^2 = 0, \end{aligned}$$

da keine Variable in höherer als der zweiten Potenz auftreten darf. Die Quartiken mit den Gleichungen (6) bilden ein ∞^5-Linearsystem. Hierunter kommen auch Zerfallsformen vor; z. B. spaltet (3) bei $a_{ii} = 0$ den Faktor x_i ab. Diese Fälle seien ausgeschlossen. Dann hat die k_4 mit der Gleichung (6) ersichtlich in $A^{(0)}$ einen Doppelpunkt oder eine Spitze, je nachdem, ob

$$(7) \qquad a_{11}a_{22} - a_{12}^2 \neq 0 \text{ oder } = 0$$

ist und analog für die anderen Ecken. Alle möglichen Verteilungen von Doppelpunkten und Spitzen auf die Punkte

$A^{(i)}$ kommen auch wirklich vor. Die Hypozykloide mit 3 Spitzen (s. Bild 26) gehört z. B. hierher. Die Form (6) der Gleichung legt es nun nahe, jeder Quartik des Linearsystems (6) den Kegelschnitt

$$(8)\qquad \begin{aligned} a_{00}y_0^2 + 2a_{01}y_0y_1 + a_{11}y_1^2 + 2a_{02}y_0y_1 \\ + 2a_{12}y_1y_2 + a_{22}y_2^2 = 0 \end{aligned}$$

der Ebene Y_2 zuzuordnen und umgekehrt. Der Übergang von (8) zu (6) wird nun offenbar dadurch bewirkt, daß man setzt:

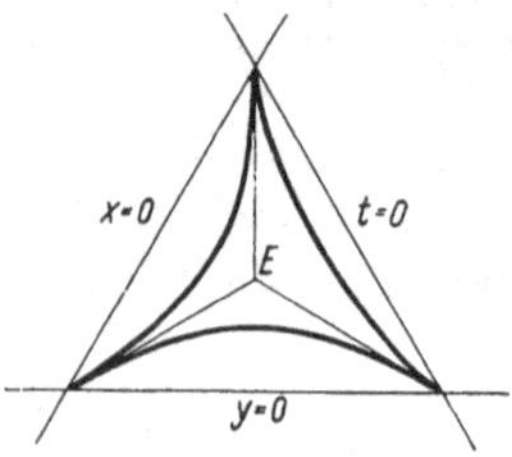

Abb. 26

$$(9)\quad y_0 = x_1x_2,\ y_1 = x_0x_2,\ y_2 = x_0x_1.$$

In (9) haben wir das erste Beispiel einer wichtigen Klasse nicht mehr projektiver Transformationen, die man nach Cremona (1868) zu benennen pflegt. Wir begnügen uns damit, im folgenden zusammenzustellen, was von der Transformation (9) für unsere Zwecke von Wichtigkeit ist. Dies folgt alles unmittelbar aus den Formeln (9):

a) Jeder Punkt $X_0(x_0, x_1, x_2) < X_2$, der nicht mit einer der 3 Ecken $A^{(i)}$ des Koordinatensystems zusammenfällt, hat einen wohlbestimmten Bildpunkt $Y_0(y_0, y_1, y_2) < Y_2$.

b) Alle von den Ecken $A_{(0)}$, $A_{(1)}$ der Geraden $x_2 = 0$ verschiedenen Punkte haben als Bild in y_2 den Eckpunkt $B^{(2)}(y_0 = y_1 = 0,\ y_2 = 1)$ und analog für die Punkte von $x_1 = 0$ und $x_0 = 0$.

c) Jeder nicht auf einer der 3 Geraden $y_i = 0 (i = 0, 1, 2)$ liegende Punkt $Y_0(y_0, y_1, y_2)$ tritt als Bild auf, und die Koordinaten (x_i) seines Urbildes X_0 errechnen sich durch die Formeln

$$(10)\qquad x_0 = y_1y_2,\ x_1 = y_0y_2,\ x_2 = y_0y_1,$$

die formal die gleiche Gestalt wie (9) haben.

d) Zur Vervollständigung der Beziehung und auch im Einklang mit (10) ordnet man $A^{(i)}$ alle Punkte von $y_i = 0$ als Bild zu.

e) Die Punkte eines durch die Ecken $A^{(i)}$ gehenden Kegelschnitts von X_2 mit der Gleichung:

$$\beta_0 x_1 x_2 + \beta_1 x_0 x_2 + \beta_2 x_0 x_1 = 0, \tag{11}$$

der nicht zerfällt, für den also alle β_i in (11) nicht verschwinden, werden auf die Punkte einer Geraden

$$\beta_0 y_0 + \beta_1 y_1 + \beta_2 y_2 = 0 \tag{12}$$

abgebildet.

Die Nutzanwendung der quadratischen Transformation (9) für unseren Zweck liegt dann im

Satz 2. Wendet man auf die Punkte eines nicht entarteten und nicht durch die Koordinatenecken gehenden Kegelschnitts k_2 der Ebene Y_2 die Transformation (9) an, so ergibt sich eine Quartik k_4 mit 3 singulären Punkten in den Koordinatenecken, und jede derartige $k_4{}^2$ erhält man auch auf diesem Wege. Der Punkt $A^{(i)}$ ist Doppelpunkt oder Spitze für k_4, je nachdem ob k_2 die Seite $y_i = 0$ in 2 verschiedenen Punkten schneidet oder sie berührt.

Beweis: Es fehlt nur noch der Beweis der zuletzt genannten Tatsache. Dieser ergibt sich aber unmittelbar aus der Bedingung (7) für Doppelpunkt bzw. Spitze und Übertragung auf die andere Ebene.

Durch das Abbildungsprinzip der quadratischen Cremonatransformation ist die Lehre von den rationalen Quartiken mit 3 singulären Punkten auf die der Kegelschnitte zurückgeführt, und bekannte Tatsachen der Kegelschnittlehre ergeben bei dieser Übertragung solche für Quartiken der genannten Art. Wir erwähnen davon nur folgende Tatsache, die uns auf einen projektiv bemerkenswerten Sondertypus dieser Quartiken führt.

Satz 3. k_2 in (8) sei ein nicht entarteter Kegelschnitt, der Punkt (1, 0, 0) sei dabei Pol der Geraden $y_0 = 0$ bezüglich k_2. Die vermöge (9) k_2 zugeordnete k_4 hat dann in $A^{(0)}$ einen Doppelpunkt von der Art, daß beide linearen Zweige durch B_0 die Klasse 2 besitzen ($B^{(0)}$ ist sog. Inflexionsknoten).

Beweis: Die Voraussetzung bedeutet, daß in (8) gilt: $a_{01} = a_{02} = 0$. Da k_2 nicht entarten sollte, muß

(13) $$a_{00} \neq 0, \; a_{11}a_{22} - a_{12}^2 \neq 0$$

sein. Also hat k_4 in $A^{(0)}$ einen Doppelpunkt und keine Spitze. Die Gleichung von k_4 ist von der Form:

(14) $$a_{00}x_1^2x_2^2 + x_0^2(\alpha_1x_1 + \alpha_2x_2)(\beta_1x_1 + \beta_2x_2) = 0,$$

so daß $\alpha_1x_1 + \alpha_2x_2 = 0$ und $\beta_1x_1 + \beta_2x_2 = 0$ die Doppelpunktstangenten in $A^{(0)}$ sind. Sie schneiden, wie aus (14) folgt, k_4 in $A^{(0)}$ mit der Vielfachheit 4. Darin liegt aber ersichtlich der Beweis unseres Satzes.

In der bekannten Normalform für die Gleichung von k_2:

(15) $$a_{00}y_0^2 + a_{11}y_1^2 + a_{22}y_1^2 = 0$$

ist nun jede Koordinatenecke Polare der gegenüberliegenden Koordinatenseite. Demnach hat die k_4 mit der Gleichung

(16) $$a_{00}x_1^2x_2^2 + a_{11}x_0^2x_2^2 + a_{22}x_0^2x_1^2 = 0$$

3 Inflexionsknoten. Zu diesem Kurventyp gehört auch die Bernoullische Lemniskate mit der Gleichung (3). Ein Beispiel für eine k_4 des Typs (16), wobei 2 der Doppelpunkte reell, aber unendlich fern sind, ist die sog. Kreuzkurve (s. Bild 27), deren Gleichung man meist so schreibt:

(17) $$\frac{1}{x^2} + \frac{1}{y^2} - 1 = 0.$$

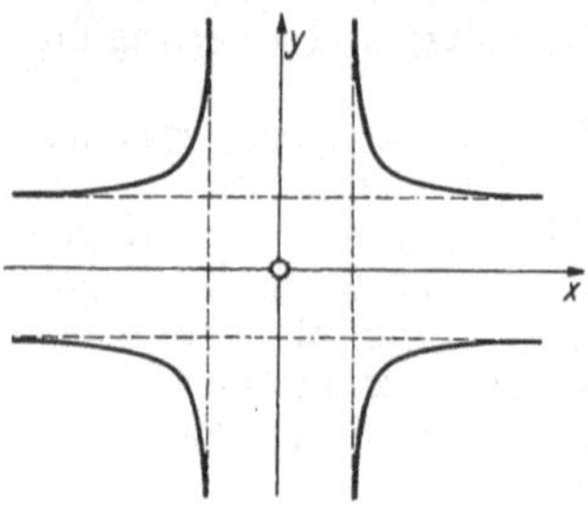

Abb. 27

Quartiken können auch rational sein, wenn sie weniger als 3 singuläre Punkte besitzen. Doch dann dürfen dies keine einfachen Singularitäten mehr sein. Wir erwähnen davon nur die schon in § 12 eingeführten Monoide. Ein Beispiel dafür mit gewöhnlichem dreifachem Punkt im Ursprung war die Quartik (11) von § 15 (s. Bild 19). Durch

Schnitt mit den Geraden $y = \lambda x$ durch den dreifachen Punkt errechnet sich für diese Kurve die Parameterdarstellung:

$$(18) \qquad x = \frac{4\lambda - \lambda^3}{\lambda^4 + 1} \qquad y = \frac{4\lambda^2 - \lambda^4}{\lambda^4 + 1}.$$

§ 22. Die Doppeltangenten der singularitätenfreien Quartiken

Die Kubiken und Quartiken sind die einzigen Klassen höherer Kurven, bei denen es den Geometern gelungen ist, einen Überblick über die gestaltlichen Eigenschaften zu gewinnen. Bereits bei den Quartiken ist aber die Zahl der geometrischen Besonderheiten sehr groß. Gemäß § 20 ist 3 das höchste Geschlecht, das eine k_4 haben kann. Nachdem wir im § 21 einiges über die k_4 mit $p = 0$ zusammengestellt hatten, sollen uns jetzt die k_4 mit $p = 3$, d. h. die singularitäten freien Quartiken beschäftigen. Während bei den Kubiken die Wendetangenten stark das Interesse auf sich lenkten, hat man sich bei den Quartiken im 19. Jahrhundert besonders mit den Doppeltangenten und ihren Besonderheiten beschäftigt. Zunächst gilt

Satz 1. Eine singularitätenfreie Quartik k_4, die keine Flachpunkte besitzt, d. h. solche Punkte, in denen die Tangente die k_4 in der Vielfachheit 4 berührt, hat 24 Wende- und 28 Doppeltangenten.

Beweis: Zufolge der zweiten in § 18 bewiesenen Plückerformel hat eine k_4 ohne singuläre und Flachpunkte 24 Wendetangenten. Nach der ersten Plückerformel hat unsere k_4 die höchste bei Quartiken mögliche Klassenzahl 12. Aus dem dualen Gegenstück der ersten Plückerformel ergibt sich dann

$$(1) \qquad 4 = 12 \cdot 11 - 2\delta - 3w.$$

Hieraus folgt, wenn man $w = 24$ einsetzt, für die Zahl δ der Doppeltangenten von k_4, wie behauptet: $\delta = 28$.

Wir sahen in § 7, daß von den 9 Wendetangenten einer Kubik höchstens 3 reell sein können. Dem entgegen gilt für die Doppeltangenten der reellen Quartiken der

Satz 2. Es gibt reelle Quartiken mit 28 reellen Doppeltangenten.

Beweis: Zum Beweis der Behauptung geben wir als Beispiel die k_4 mit der Gleichung

$$(2) \qquad (x^2 + 2y^2 - 72)(2x^2 + y^2 - 72) + 162 = 0.$$

Diese Kurve (s. Bild 28) besteht im reellen aus 4 nierenartigen Stücken, von denen ersichtlich jedes eine Doppeltangente besitzt. Wir entnehmen ferner gleichfalls der Anschauung, daß je 2 der 4 Stücke 4 gemeinsame Tangenten, und zwar 2 „äußere“ und 2 „innere“, besitzen. Dies ergibt insgesamt $4 + \frac{3 \cdot 4}{2} \cdot 4 = 28$ reelle Doppeltangenten.

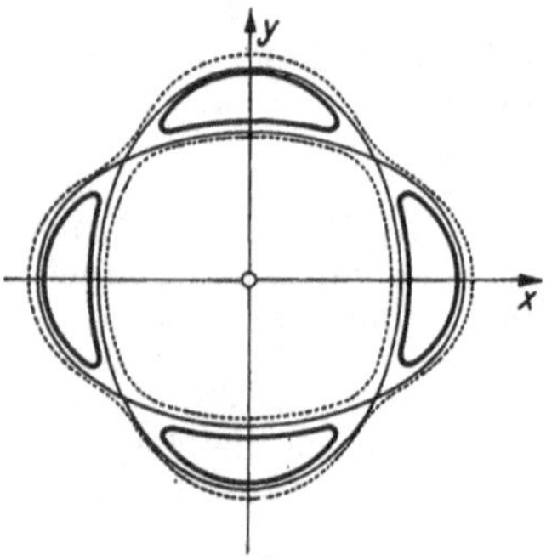

Abb. 28

Für das Weitere ist zunächst wichtig der folgende

Satz 3. Läßt sich die Gleichung einer Quartik k_4 ohne Singularitäten und Flachpunkte in der Gestalt

$$(3) \qquad f = G_1 G_1' V + U^2 = 0$$

schreiben, wo $G_1 = 0$ und $G_1' = 0$ die Gleichungen zweier Geraden k_1 und k_1' sind, so sind k_1 und k_1' Doppeltangenten von k_4. Umgekehrt läßt sich bei 2 vorgesehenen Doppeltangenten k_1, k_1' mit den Gleichungen $G_1 = 0$, $G_1' = 0$ die Gleichung von k_4 in der Form (3) schreiben.

Beweis: Die Quartik k_4 habe die Gleichung (3). Die Geraden k_1 und k_1' dürfen dann kein Bestandteil des Kegelschnitts k_2^U mit der Gleichung $U = 0$ sein, da dann k_4 zerfallen würde. Die Schnittpunkte von k_4 mit k_1 und k_1' fallen also, wie aus (3) ersichtlich ist, mit den Schnittpunkten von k_1 und k_2^U bzw. von k_1' und k_2^U zusammen. Würde k_1 oder k_1' nun k_2^U in nur einem Punkt schneiden, so wäre k_1 bzw. k_1' Flachpunktstangente von k_4, was gegen die Voraussetzung über k_4 ist. Es müssen somit k_1 und k_1' den Kegelschnitt k_2^U in je 2 Punkten schneiden, und zwar auch, wie aus (3) zu sehen ist, je in der Vielfachheit 2. k_1 und k_1' sind also Doppeltangenten von k_4. Umgekehrt seien k_1 und k_1' Doppeltangenten von k_4. Wir wählen dann solche Koordinaten, daß k_1 und k_1' durch $x_1 = 0$ und $x_2 = 0$ beschrieben werden. Zunächst bemerken wir, daß der Schnittpunkt S_0 zweier Doppeltangenten nicht auf k_4 liegen kann, da dann S_0 singulär wäre. Daraus folgt jetzt, daß der Koeffizient von x_0^4 in f nicht verschwindet; er werde zu 1 normiert. Wir schreiben f in der Form

$$f = x_1 x_2 U' + W', \tag{4}$$

wobei

$$\begin{aligned} W' = x_0^4 &+ c_{310} x_0^3 x_1 + c_{301} x_0^3 x_2 + c_{220} x_0^2 x_1^2 \\ &+ c_{202} x_0^2 x_2^2 + c_{130} x_0 x_1^3 + c_{103} x_0 x_2^3 \\ &+ c_{040} x_1^4 + c_{004} x_2^4 \end{aligned} \tag{5}$$

ist. Nun gilt, da $x_1 = 0$ und $x_2 = 0$ Doppeltangenten an k_4 sind:

$$\begin{aligned} & x_0^4 + c_{310} x_0^3 x_1 + c_{220} x_0^2 x_1^2 + c_{130} x_0 x_1^3 + c_{040} x_1^4 \\ &= [x_0^2 + 2 a_{01} x_0 x_1 + a_{11} x_1^2]^2, \\ & x_0^4 + c_{301} x_0^3 x_2 + c_{202} x_0^2 x_2^2 + c_{202} x_0^2 x_2^2 + c_{004} x_2^4 \\ &= [x_0^2 + 2 a_{02} x_0 x_2 + a_{22} x_2^2]^2. \end{aligned} \tag{6}$$

Dann ist wegen (5) und (6):

$$\begin{aligned} & W' + 8 a_{01} a_{02} x_0^2 x_1 x_2 + 2 a_{11} a_{22} x_1^2 x_2^2 \\ & \quad + 4 a_{02} a_{11} x_0 x_1^2 x_2 + 4 a_{01} a_{22} x_0 x_1 x_2^2 \\ &= [x_0 + 2 a_{01} x_0 x_1 + a_{11} x_1^2 + 2 a_{02} x_0 x_2 + a_{22} x_2^2]^2, \end{aligned} \tag{7}$$

und wir haben die gewünschte Gestalt (3) für f, wenn wir setzen

$$\begin{aligned} U = U' - 8 a_{01} a_{02} x_0^2 - 2 a_{11} a_{22} x_1 x_2 - 4 a_{02} a_{11} x_0 x_1 \\ - 4 a_{01} a_{22} x_0 x_2. \end{aligned} \tag{8}$$

Satz 4. Die Gleichung der singularitätenfreien Kurve k_4 habe die Form

$$f = x_1 x_2 U + V^2. \tag{9}$$

Dann gilt auch

(10) $f = x_1 x_2 [U - 2\lambda V - \lambda^2 x_1 x_2] + [V + \lambda x_1 x_2]^2$,

und umgekehrt gibt es bei

(11) $f = x_1 x_2 \tilde{U} + \tilde{V}^2$

ein λ derart, daß

(12) $\tilde{U} = U - 2\lambda V - \lambda^2 x_1 x_2, \quad \tilde{V} = V + \lambda x_1 x_2$.

Beweis: Die rechte Seite von (10) ist offenbar identisch mit der von (9). Umgekehrt gelte (11). Dann ist

(13) $x_1 x_2 (\tilde{U} - U) = (V + \tilde{V})(V - \tilde{V})$,

d. h. x_1 und x_2 teilen die rechte Seite von (13). Wäre nun etwa $x_1 \mid (V + \tilde{V})$ und $x_2 \mid (V - \tilde{V})$ oder $x_2 \mid (V + \tilde{V})$ und $x_1 \mid (V - V)$, so könnte man schließen, daß der Punkt $(1, 0, 0)$ auf $V = 0$, also wegen (9) auch auf k_4 liegt, was nicht sein darf, wie wir schon oben feststellten. $x_1 x_2$ teilt also in (13) rechts nur einen der beiden Faktoren; es sei der 2. Faktor. Dann ist $V = \tilde{V} + \lambda x_1 x_2$, und damit hat auch U die in (12) behauptete Form. Ebenso schließt man, wenn $x_1 x_2$ den ersten Faktor in (13) rechts teilt.

Wir homogenisieren den in (10) steckenden Parameter λ und schreiben:

(14) $f = x_1 x_2 [\mu^2 U - 2\mu\lambda V - \lambda^2 x_1 x_2] + [\mu V + \lambda x_1 x_2]^2$.

Hieran knüpfen wir folgende Überlegungen an:

(15) $\mu V + \lambda x_1 x_2 = 0$

ist eine Kegelschnittschar. Ihre Basispunkte sind die 4 Berührungspunkte

(16) $A^{(1)}, A^{(2)}, A^{(3)}, A^{(4)}$

der Doppeltangenten L_1, L_2 mit den Gleichungen $x_1 = 0$, $x_2 = 0$. $k_2(\lambda, \mu)$ sei der zu λ, μ gehörige Kegelschnitt aus (15), der nicht das Paar L_1, L_2 ist, d. h. es sei $(\lambda, \mu) \neq (0, 1)$. Dann beträgt die Schnittvielfachheit von $k_2(\lambda, \mu)$ mit k_4 in den Punkten (16) je 1, da die Punkte für beide Kurven einfach sind bei verschiedenen Tangenten. $k_2(\lambda, \mu)$ schneidet k_4 nach Bézout also in weiteren Punkten, deren Zahl höchstens $= 4$ ist. Angenommen, es seien wirklich folgende 4 voneinander verschiedene Punkte

$$B^{(1)},\ B^{(2)},\ B^{(3)},\ B^{(4)}. \tag{17}$$

Aus (14) schließen wir dann weiter: Der zu denselben (λ, μ) gehörige Kegelschnitt

$$\mu^2 U - 2\lambda\mu V - \lambda^2 x_1 x_2 = 0 \tag{18}$$

berührt k_4 in den Punkten (17). Läßt man sich μ, λ in (18) verändern, so ergibt sich eine sog. quadratische Kegelschnittschar $Q^{\lambda,\mu}$, und k_4 erweist sich als Hüllgebilde von $Q^{\lambda,\mu}$. Wir interessieren uns nun besonders für die zerfallenden Kegelschnitte aus $Q^{\lambda,\mu}$ und beweisen darüber den folgenden

Satz 5. Gegeben sei die singularitäten- und flachpunktfreie k_4 und die vermittels des Doppeltangentenpaars L_1, L_2 derselben erklärte quadratische Kegelschnittschar $Q^{\lambda,\mu}$. Dann gibt es außer L_1, L_2 noch weitere 5, insgesamt 6 Geradenpaare

$$L_1, L_2;\ L_1^{(1)}, L_2^{(1)}, \ldots;\ L_1^{(5)}, L_2^{(5)} \tag{19}$$

in $Q^{\lambda,\mu}$. Alle 12 Geraden (19) sind Doppeltangenten von k_4.

Beweis: Wie oben seien $x_1 = 0$, $x_2 = 0$ die Gleichungen von L_1, L_2. Die quadratischen Formen U und V in (9) mögen die Matrizen (u_{ij}) und (v_{ij}) besitzen. Dann ist die Determinante der Kegelschnitte aus $Q^{\lambda,\mu}$ gemäß (18) folgende:

$$\Delta_6(\lambda,\mu) = \begin{vmatrix} \mu^2 u_{00} - 2\lambda\mu v_{00}, & \mu^2 u_{01} - 2\lambda\mu v_{01}, & \mu^2 u_{02} - 2\lambda\mu v_{02} \\ \mu^2 u_{01} - 2\lambda\mu v_{01}, & \mu^2 u_{11} - 2\lambda\mu v_{11}, & \mu^2 u_{12} - 2\lambda\mu v_{12} - \lambda^2 \\ \mu^2 u_{02} - 2\lambda\mu v_{02}, & \mu^2 u_{12} - 2\lambda\mu v_{12}, & \mu^2 u_{22} - 2\lambda\mu v_{22} \end{vmatrix} \tag{20}$$

also ersichtlich eine Form vom Grade 6 in λ, μ. Das Glied mit λ^6 in Δ_6 verschwindet; also hat Δ_4, wie wir schon wissen, die zum Geradenpaar L_1, L_2 gehörige Wurzel (1, 0). Diese ist ferner einfach; denn das Glied λ^5 in Δ_6 hat, wie aus (20) hervorgeht, den Faktor $4v_{00}$, und v_{00} verschwindet nicht, da sonst zufolge (9) der Schnittpunkt (1, 0, 0) von L_1 und L_2

auf k_4 läge. Es sei (λ_0, μ_0) eine von $(1, 0)$ verschiedene Wurzel von Δ_6, die zum Geradenpaar $L_1^{(1)}$, $L_2^{(1)}$ gehört. Wäre $L = L_1^{(1)} = L_2^{(1)}$, so hätte k_4 gemäß (14) eine Gleichung

$$f = x_1 x_2 L^2 + V^2 = 0, \tag{21}$$

wo $L = 0$ die Gleichung von L ist. Aus (21) folgern wir aber durch Ableitung nach den x_i, daß jeder Schnittpunkt von $L = 0$ und $V = 0$ für k_4 singulär ist. Folglich muß $L_1^{(1)} \neq L_2^{(1)}$ sein. Wir können demnach zufolge (14) die Gleichung unserer k_4 auch in der Form

$$L_1 L_2 L_1^{(1)} L_2^{(2)} + V^2 = 0 \tag{22}$$

schreiben. Hierin bedeuten die Linearformen $L_1, L_2, L_1^{(1)}, L_2^{(2)}$ gleich 0 gesetzt, gleichzeitig die Gleichungen der 4 ebenso bezeichneten Doppeltangenten. Diese sind nach dem soeben durchgeführten Schluß auch alle untereinander verschieden. Ferner kann man die quadratische Schar (18) jetzt auch in der Form:

$$\mu^2 L_1^{(1)} L_2^{(1)} - 2\lambda\mu V - \lambda^2 L_1 L_2 = 0 \tag{22}$$

schreiben. Nun sahen wir, daß der in L_1, L_2 zerfallende Kegelschnitt darin nur einfach zählt (d. h. zu einer einfachen Wurzel von $\Delta_6 = 0$ gehört). Vermöge (22) ergibt sich das gleiche aber auch für den in $L_1^{(1)}, L_2^{(1)}$ zerfallenden Kegelschnitt usw. $\Delta_6 = 0$ hat somit 6 verschiedene Wurzeln, und die 6 Geradenpaare (19) ergeben 12 untereinander verschiedene Geraden. Wir fassen zusammen:

Satz 6. Gegeben sei die singularitäten- und flachpunktfreie k_4. Zu dem beliebigen Doppeltangentenpaar L_1, L_2 derselben gibt es 5 weitere solche Paare, die mit L_1, L_2 zusammen einen sog. Steinerkomplex (19) von Doppeltangenten bestimmen. Mit Hilfe der Geraden aus 2 Paaren eines Steinerkomplexes läßt sich die Gleichung von k_4 in der Form (22) schreiben. Die 8 Berührungspunkte der 4 Geraden von 2 solchen Paaren liegen mithin auf einem Kegelschnitt.

Nach Frobenius bezeichnet man ein Tripel von Doppeltangenten als syzygetisch oder asyzygetisch, je nachdem, ob ihre 6 Berührungspunkte auf einem Kegelschnitt liegen oder nicht. Entsprechend wird eine Menge von $h > 3$ Doppeltangenten syzygetisch oder asyzygetisch genannt, je nachdem ob jede Teilmenge von je 3 daraus syzygetisch oder asyzygetisch ist. Gemäß Satz 5 gibt es syzygetische Quadrupel. Ein asyzygetisches Tripel aus (19) bilden z.B. L_1, $L_1^{(1)}$ und $L_1^{(2)}$. Es ist interessant zu bemerken, daß 7 die Höchstzahl von Doppeltangenten einer asyzygetischen Menge ist, wie zuerst Aronhold bemerkt hat. Wegen aller dieser und weiterer Einzelheiten vgl. Fricke, Algebra II (S. 357ff.).

Allgemein lassen sich die Besonderheiten der Doppelpunktskonfiguration aus der Galoisgruppe einer gewissen Gleichung 28. Grades ablesen, von der die Bestimmung der Doppeltangenten von k_4 abhängt. Diese Gruppe besitzt $36 \cdot 8!$ Elemente.

Sachregister

Namenregister

KÜSTER — THIEL — FISCHBECK

Logarithmische Rechentafeln

für Chemiker, Pharmazeuten, Mediziner und Physiker

84.—93., verbesserte und vermehrte Auflage. Oktav. XV, 302 Seiten. Mit einer Anhangtafel. 1962. Kunststoffeinband DM 16,80

(Arbeitsmethoden der modernen Naturwissenschaften)

„Die vorliegenden Rechentafeln sind für den Chemiker und Physiker von großer Bedeutung. Sowohl der Student in der Hochschule als auch der schaffende Mensch im Beruf finden dort in übersichtlich geordneter Form alle Werte, die sie bei ihrer rechnerischen Tätigkeit benötigen . . .“

Naturwissenschaft und Unterricht

WALTER DE GRUYTER & CO · BERLIN W 30
vormals G. J. Göschen'sche Verlagshandlung — J. Guttentag, Verlagsbuchhandlung — Georg Reimer — Karl J. Trübner — Veit & Comp.

FSC
www.fsc.org
MIX
Papier | Fördert gute Waldnutzung
FSC® C083411

Zeitfracht Medien GmbH
Ferdinand-Jühlke-Straße 7
99095 Erfurt, Deutschland
produktsicherheit@kolibri360.de